概念 · 手绘 · 草图 · 资料

大门建筑形象设计

DAMEN JIANZHU

XINGXIANG SHEJI

符宗荣 著

重庆大学出版社

内容简介

本书收集了作者多年来从事建筑美术基础课程教学和环境艺术设计实践中大门建筑形象设计方案的草图及其概念性设计构思的徒手画稿,并对大门形象设计的理论与方法进行了分析与阐述。书中所绘不同类型的大门形象的效果图形式多样、手法经典,空间透视、比例、尺度准确。

本书具有较强的实用价值与参考价值,可供建筑设计、环境艺术设计及相关专业的同行参考与借鉴,还可作为相关专业的教学用书和学生的参考教材。

图书在版编目(CIP)数据

大门建筑形象设计 / 符宗荣著. -- 重庆:重庆大学出版社,2018.5
ISBN 978-7-5689-1071-2

Ⅰ. ①大… Ⅱ. ①符… Ⅲ. ①门 – 建筑设计 Ⅳ.
①TU228

中国版本图书馆CIP数据核字(2018)第085958号

大门建筑形象设计

符宗荣 著
策划编辑:林青山
责任编辑:张 婷　　装帧设计:张 婷
责任校对:邹 忌　　责任印制:张 策

重庆大学出版社出版发行
出版人:易树平
社址:重庆市沙坪坝区大学城西路21号
邮编:401331
电话:(023)88617190 88617185(中小学)
传真:(023)88617186 88617166
网址:http://www.cqup.com.cn
邮箱:fxk@cqup.com.cn(营销中心)
全国新华书店经销
重庆升光电力印务有限公司印刷

开本:787mm×1092mm 1/16 印张:11.75 字数:320千
2018年6月第1版 2018年6月第1次印刷
印数:1-2000
ISBN-978-7-5689-1071-2 定价:58.00元

目　录

前　言

门、门脸，门是建筑物的脸，这是一种说法。

门、门口，门是建筑物的口（嘴），这也是一种说法。

无论脸或口，都十分形象地概括了门的两大功能。脸的面容与表情可以显示一个人的精神、气质和个性特征；嘴的"进口"与"出口"的作用不言而喻。任何一位建筑设计师在做大门建筑设计时，都离不开对这副"嘴脸"的思考与琢磨。

门，作为出入口的概念，是建筑物的重要组成部分，小至一居一室之出入口，大至整栋楼房之出入口，都与建筑物主体相连，视为整个建筑设计内容的组成部分。本书所指"大门"则是基本脱离建筑物主体，以独立形态出现的建筑物或构筑物，它可以是一个单位、一个区域、一座城市乃至一个国家的出入口，它往往是实用功能齐全、建筑构件完备且富于建筑艺术形象的建筑物或构筑物，即当今建筑业界公认的大门建筑。

这里还须提及另一种"门"——由大自然的鬼斧神工造就的"门"，如四川广元的剑门、长江三峡的夔门、张家界的天门等，它们的形象令世人惊叹，也更能使建筑设计师们由此得到启发，产生联想。

借美术专业知识、艺术设计教学经验以及徒手绘画技能，本书重点从大门建筑形象设计中相关精神文化、视觉审美、形态构成草图表现等几方面分析解读，全书案例包含作者三十多年来从事建筑设计专业基础教学及环境艺术设计实践的部分案例，以及以假设命题的方式构思出的一些具有创意性、概念性、示范性的大门设计草图，从而表述作者对大门建筑形象设计的设计理念、设计方法和表现技巧，供读者参考。

云南大理喜洲民居大门写生

第 1 章
大门建筑设计的功能与形式

如前言所说，人们常把门称"门脸"或"门口"。这一"脸"、一"口"正是大门功能与形式的准确写照。"口"侧重于实用功能，管出入；"脸"侧重于精神功能，管表情。说得直白点：口管用、脸管看。这为我们讨论大门建筑的功能与形式提供了一个形象而通俗的基本思路。

大门是主要供人、车出入的具有标志性、管理性的建（构）筑物。它的实用功能体现在出、入的管理性上；它的精神功能体现在形象的标志性上。建筑师设计大门时，首先考虑的应是与出入口相关的地理位置、道路交通、管理用房、门禁设施等多种功能系统的组织设计。这就是我们常说的"功能优先的原则"，这也是近现代建筑领域流行了近一个世纪的设计理念，即"形式服从功能"。正如现代主义建筑大师勒·柯布西耶指出的：建筑设计是从内向外进行的，外部是内部的结果。大门建筑的外形脱离不了与实用原则相关的建筑形体与空间结构、建筑材料与力学结构、建筑环境与道路布局等这些内在因素的关联。

现实生活中人们往往首先注意到的不是大门的使用功能，而是常常对大门建筑的形象品头论足，这看似与"功能优先"的原则相左，是为什么呢？举个例子来解释这一疑惑。例如：一位女士选购一件连衣裙，是要穿在身上仔细考量，感受长短、宽窄是否合身，领口袖口、肩缝腰缝、纽扣拉链等各个部位都可能顾及，稍有不适便会立即换掉。而选购一块头巾似乎就不用那么复杂，仅通过对其样式、花色、质地的选择便可确定下来。二者虽然都属服饰，但因具体使用功能的侧重点不同，对其选择评判的标准和方式也有所区别。前者看重其上身穿着是否合身与舒适，关键部位是否牢固；而后者则把重点放在搭配与装饰效果上，也可不追求细节上的精确。

再举一例：一个市级汽车客运站大门与一个市级殡仪馆大门的设计比较。汽车客运站内外从早到晚有各型车辆、各色旅客及大量行李进进出出，调度管理、旅客服务、卫生保洁、治安秩序等若干功能叠加，纷繁复杂。面对这样一座大门的设计，设计师首先考虑的是大门建筑与客运站内外其他建筑以及所有道路之间的车流与人流的交通组织，安全应急措施与大门出入口的布局也有着密切关系。大门建筑形象的思考，要以保证上述功能为前提，其形象能与车站主体建筑相协调、与街道建筑和环境保持独立的可识别性即可。殡仪馆虽也是一处人多车多的繁忙之地，但相对客运站，它更希望是闹中取静。其大门的实用功能及其与环境的关系没有客运站那么复杂，相对易于处理，但对大门的形象设计则有更高的要求。设计师应侧重从视觉心理学的角度对大门的造型、色彩、肌理以及环境绿化多个方面着手，营造肃穆而不沉重、平静而不冷漠的氛围。这样的大门就不仅仅是一个出入口的概念了。

图1　汽车站车辆出入口大门

图2　殡仪馆大门

　　以上两个例子说明了"功能"与"形式"二者在不同场合各自所产生的作用 。强调大门建筑形式（形象）设计的重要性，并非否定"形式服从功能"这一现代主义建筑设计的原则。社会在发展，观念也在变化，经济的发展也为人们审美需求提供了动力。过去曾长期被忽略的形式美也获得了它应有的重视。我们主张：根据不同大门建筑的使用功能和内容属性来有区别地对待形式与功能的问题。"形式与功能是相互作用的两个相对动力的作用与反作用，其中用途不是艺术的产物，艺术也不是使用的产物，两者不是相互独立的，而是为了人的生活相互联系着的。"[1]

---

[1] 注：南舜薰，辛华泉.建筑构成 [M].北京：中国建筑工业出版社，1990.

第2章
大门建筑设计与大门形象设计

　　大门建筑与通常体量较大的民用建筑或公共建筑相比，的确只能算是建筑"小品"。但麻雀虽小五脏俱全，它从规划到设计，从方案图到施工图，从立项到竣工，所有工序一项不少。因为这种"小"而"全"的特性，大门建筑的设计往往被一些建筑院系作为"设计初步"教学中的入门训练课程。其出发点大概是认为大门建筑是"建筑小品"，尺度规模小，图纸量少，工程技术含量不高，便于低年级学生把握。我也曾在这样的教学中尝试和运作，后来发现学生做出来的方案与画出来的图纸效果并不理想：不是方案构思缺少文化内涵，就是造型追求奇形怪状；不是形式构成过于单调，就是图式语言难以正确表达。经过反思：大门建筑设计规模虽小但综合组织不易；图幅虽少但构造难度较高；特别是精神内涵的设计表达，需要大量文艺理论、历史知识的积累，并以艺术修养的长期沉淀为基础。能处理好大门自身的构造关系、功能作用、交通流线以及内外建筑与环境之间的关系已不易，更何况满足样式新颖、形态优美、个性独特的大门建筑造型还须具备科学而深厚的建筑构造知识，具备准确表达空间与形体的平、立、剖、细部大样的制图技能。由此看来，大门建筑设计是具有较高难度的设计。可把大门建筑设计放在高年级进行，甚至可作为研究生课题。

　　随着人们社会文化素养的普遍提高，"建筑艺术"已成为大众的文化普识。现代文化语境下的视觉审美多元化，带给人们艺术鉴赏标准的多样化和高品位，也为建筑师、设计师对大门形象设计的思考带来更多挑战。大门建筑犹如一座牌坊、一件雕塑、一个标志，展示在大路旁、广场中、街道口，既引人注目，又能亲密接触。若大门位置布局不当、交通流线不清、出入管理不便，甚至门禁设施装置稍有不妥都会直接影响大门功能的正常实现。因此，要首先规划好大门建筑的实用功能，预判技术方面可能出现的各种问题并制订解决措施，以此作为前提，然后把主要精力放在大门形象的构思、创意、构图、造型上，避免因实用问题、技术难题而导致大门建成后留下种种遗憾，甚至推翻重来。这也是对大门"功能"与"形式"两者关系的印证。

　　许多有过大门建筑设计经历的设计师会有深切的体会：项目不大、收费不高、功能多样、要求不少，同样要受规划、市政、交通、消防等部门的各种限制，接受各级领导的各种意见，还要经得起群众的品评，并顾及观念的冲突、文化的差异、审美的偏好等，这些都是摆在设计师面前的道道难题。如何破解这些难题，既尽可能满足社会各个方面的要求，同时又能充分发挥设计师的设计个性，做出比较理想的，具有时代精神与文化内涵且富于艺术审美与个性特征的，为大多数民众接受、专家内行点头认可的大门建筑设计作品，这就是本书将继续探讨的问题。

图3

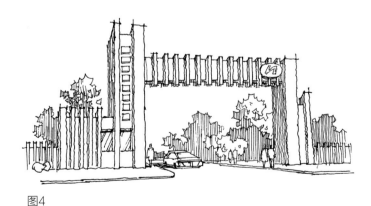

图4

第 3 章
大门建筑形象的文化内涵

建筑是工程也是艺术，文化蕴含其中。大门建筑作为"脸面"，往往被注入更多文化符号。本章就大门建筑形象的文化内涵，从人本精神、民族精神、时代精神这三个层面进行探讨。

一、人本精神的表现

大门建筑是居住建筑中精神符号最为显著的物质载体，人居环境质量的好坏，往往从建筑大门的"面相"上可知一二。例如，为了维持外表上的排场和规模，为了图表面好看而加以粉饰，常用"撑门面"和"装门面"来形容。可见"门"不仅是出入口，还是形象代言。古书言："宅，以门户为冠带"，正是这种比喻赋予大门建筑更多的人文信息和内容。

中国传统大门的修建，首先要焚香祭祀，请来鲁班祖师爷压阵，其实也是给主人家提气壮胆。大门建得巍峨气派，以显示主人地位与身份的高大上，大门装饰瑞兽祥花，以求吉祥富贵，大门贴门神、置石敢当借以驱鬼压邪，这些都是人们对自己的一种心理暗示，从中寻求精神安慰和精神寄托。无论古人还是现代人，对这种人文精神的需求是相仿的。从大门建筑设计角度看，满足人们这种对美好事物的追求与欲望，也正是设计师把"以人为本"这一指导思想作为创作原则加以贯彻、实施的设计体验。

中国传统大门设计与修建过程中奉行的"形制""法式""规格"和一系列标准化、程式化的做法与规范，以及制定的相应的门洞数量、高宽尺寸、颜色、装饰物类型及数量等，所反映出的等级制与表现出的礼制思想无不显示出中国传统文化中的人本精神。

二、民族精神的映射

民族是千百年来因共同的地域、血缘、语言、经济生产形式、生活方式及文化等诸多要素结成的共同体。建筑作为一个民族物质文化的代表，集历史（时间）、地域（空间）、文化一体的综合性产物，不仅表现了本民族的意识、思想、情感和审美理想，也受其熏陶和浸润，逐渐形成了本民族的建筑形制与样式、风格与特征。大门建筑更是以其多姿的外部形态，传达出民族文化、地域文化的气氛。

大门建筑的民族精神主要体现在以下三个方面。

（一）"天人合一"的哲学观

华夏民族历来追求人与自然的和谐统一，在建筑、园林的创意上讲究触景生情、融情入景、情景合一。无论是象征皇家尊严、豪华气派的京都城门还是雅致清幽的书香家门，乃至俭朴的农户柴门，都体现着各阶层人士的追求和向往。当今，建筑与环境规划设计中大力倡导的生态理念与人文精神，正是把大自然秀美景色与人们理想情怀相融的"天人合一"思想观念的回归与发扬。

中国传统的"风水"观，在摒除其中封建迷信的糟粕内容之后，其中对天文、地理知识的经验积累和运用原则，值得设计师重视与借鉴。例如对大门建筑的地质环境评价，日照与风雨对大门形体结构的影响，大门出入口与周边道路之间的交通安全等也都可从"风水"学中的"五行四象"以及诸多"避讳"中找到一些可供分析、参考的例证。

（二）"因地制宜"的地域观

中华大地疆土辽阔，民族众多，地理气候差异明显，地情习俗各具特色。受众多因素影响，各地大门建筑风格与造型不尽相同。如地形平坦、视野宽广的地段，可建造形体高或宽的大门，而寸土寸金狭窄地段的大门则须高、宽适度，小中求美。又如干燥少雨的地方，木结构不易腐朽，而潮湿多雨地带更宜选用石材。再如：某工矿企业，废旧金属材料堆积如山，何不就地取材，做一座既有个性特征又节约材料成本的大门呢？因此，都应遵循"因地制宜"的精神，从而设计出各具地域特色且经济、实用、耐久的大门建筑。

（三）"形神兼备"的审美观

与西方造型艺术注重形体比例、结构的"写实""求真"相比，中国传统绘画、雕塑以及民间工艺美术作品更趋于"形神兼备"，进而还有"写意"优于"写实"、"神似"高于"形似"的评价标准。如从早期传统人物画的"以形写神"升华为"传神写照"或"形神兼备"，近代花鸟画主张的"妙在似与不似之间"，山水画中对"意境"和"心境"的表达，都把人的"心"与"神"作为作品艺术创作的最高境界来追求。大门建筑的艺术属性，虽不像绘画、雕塑那样直观，但仍可从其外部整体形态与局部细节的造型设计上表现出建造者（或设计师）原本的意图。可以想象，站在巍峨的天安门城楼下严肃而激动的心情，或走过重庆歌乐山烈士陵园花坛式门柱前深沉而肃穆的心境，这便是大门建筑形态的威严与庄重给人们心灵带来了震撼和激情。

许多大门建筑也像某些抽象艺术作品一样，通过设计大门形状的曲直与高低、姿态的动静与趋势、颜色的深浅与冷暖、肌理的粗细与滑涩等视觉艺术的手法，融情入景，以景显神，同样达到"情景交融"与"形神兼备"的审美效果。

三、时代精神的显现

中国大门的建筑在古代各个历史时期有着不同的建造形制和等级规范，也有着不同时代特点的象征符号与装饰图案。人们根据这些形式特征便可大致判断其修建的朝代与时期，也就是说，大门建筑设计也应有自己的时代性格、时代特征、时代烙印，即大门建筑的时代精神。

塑造和品评大门建筑形象的时代精神可从三个方面着手，即"人文价值""艺术价值"与"实用价值"。

1. **人文价值**体现在大门建筑设计的立意与构思上，赋予其生命力，使物之景成为情之形。通过大门建筑形象洞悉其内在的历史背景、文化传统、地域特色乃至更具时代精神的国家意志、社会风尚。

中国现代的大门建筑形象设计是在几千年传统建筑大门文化的根基上生发，也在吸收西方优秀建筑文化的过程中得到滋养，不同程度地体现了传统与现代、东方与西方的风格特征。不同地区、不同单位、不同环境中所塑造的大门建筑形象还必须兼顾城镇群体和单位个体之间、专家意志与群众普识之间的价值取向，强调统一和谐、尊重个性差异，使大门建筑的形象更能体现中国气派和时代精神。

2. **艺术价值**更多体现在大门建筑的艺术属性一面。早在古希腊时期，建筑就被列入与绘画、雕塑等并列的几大艺术门类之一。大门建筑因其独立的形态更为突显，并以它丰富的人文内涵、多姿的形象体态、精巧的材质运用和色彩搭配吸引人们的目光，大众也常常把它当作艺术作品来赏析、品评。正因如此，大门建筑形象艺术的审美功能便凸显出来。

图5 突出形象艺术性的大门方案草图

图6 突出适用性的大门方案草图

艺术品之美往往具有普遍性和永恒性的一面，同时也具有时尚性与流行性的一面，大门建筑也同样具有这些属性。当今，中国建筑设计领域不再是盲目地崇洋媚外、模仿西方，也不是一味地因循守旧、照搬古典，经历过幼稚与磨砺，逐渐走向成熟，全国各地出现大量与时俱进的优秀大门建筑设计就是例证。

3. **实用价值**不仅仅被解读为大门建筑的被使用、被利用，更多的是从建筑施工工艺、装修材料与加工手法，以及配置的各种设施、设备的自动化、智能化与人性化方面的体现。要以科学的态度对待新工艺、新材料的使用与推广，尊重生命、维护生态，使人与自然和谐相处、共生的理念得以实现。

实用价值不仅仅与大门建筑的造价经济性有关，设计师还必须站在大门建筑的使用者的角度，坚持"以人为本"的设计原则，关注人们对大门形象的心理感受，关注使用者出入大门的便利和安全，同时也还必须关注大门建筑管理方的工作模式和操作流程，充分发挥大门建筑的各项实用功能，让其成为展现时代精神的"门户"。

第4章
大门建筑形象设计的审美要素

美的哲学含义十分复杂，它随时间或地域的变化而有不同的含义，也因其自身的适用性、经济性和独创性而产生不同的评价标准。那么对大门形式的审美又该怎样来把握与评判呢？在这里首先明确大门是相对长期存在的具有公共属性的建（构）筑物，对其美学评价必须照顾大众性、地域性和时代性的基本因素，同时，还需将影响审美价值的"形式要素"和"感觉要素"作为大门形象的审美内容。

所谓形式要素，是根据大门设计所要表达的意义及效果，进而对大门的形态、色彩和肌理等造型元素进行分析、评价从而提炼出来；所谓感觉要素，是从生理学和心理学的角度对大门的形态、色彩和肌理等视觉元素进行分析、评价从而提炼出来。下面将这些人们长期实践、体验，积累出来的具有普遍性和理性的形式美规律，结合大门形象设计的案例加以解读。

（一）统一与对比

统一性即整体性、调和性。大门形态的完整性、设计风格的一致性、色彩基调的调和性均属于此。统一性主要体现在大门造型与本建筑群体的协调，大门主体与局部的协调。以大统小，以主统次，才容易取得整体感强的效果。调和性是将一些原本不一致或相互排斥的内容，通过人为的协调、加工、处理，剔除差异性，强化同一性，强调共同性的元素，使大门形象从时代特征、风格样式以及形态变化、色彩配置都做到整体协调与和谐统一。

对比与统一虽是一对矛盾体，但统一中缺少必要的对比，也会导致单调、乏味甚至沉闷、窒息。形态构成理论上的对比形式很多，如高与低、长与短、大与小、厚与薄、宽与窄、粗与细、轻与重、繁与简等。由于对比形态间的强烈反差，能够呈现生动活泼、个性鲜明、具有视觉冲击力的艺术效果。大门形象设计过程中，总是把统一与对比联系起来运用。无论在统一中寻找"对比"的那一个亮点，或者在众多的对比中寻求"统一"的要素，都是设计师处理大门建筑整体与局部之间关系，以及对形式审美规律的合理应用。

图7 统一与对比

（二）对称与均衡

对称是指图形或物体对某一点、某一直线或平面，在大小、形状和排列上具有一一对应的关系。如人体、飞机是典型的左右对称，在水平玻璃镜面上摆放的实体与其镜像是典型的上下对称。对称图形平稳，给人庄重、沉着、严肃的感觉。因而许多政府机构或纪念性单位的大门都喜欢采用对称形式。此外，对称图形也易于获得廉价的美感，有些简陋低档的大门也常常采用简单对称形式。要把对称型大门做得不简单，设计师必须提高自己的造型能力和审美意识。

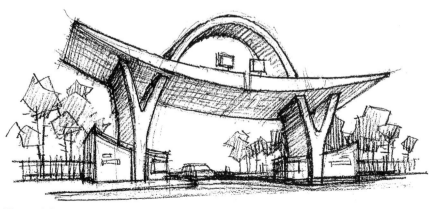

图8 对称

　　均衡也是一种平衡关系，追求形态的对称性，在不对称中寻找平衡。均衡强调视觉心理的平衡感，是量的平衡。设计界喜欢以均衡代替平衡，"平"反映"形"，而"均"反映"量"，形靠眼观，量靠心审，说明均衡更注重心理感受。

　　从大门设计概念出发，可把均衡分成两种类型，一种是以静态为主的量的均衡，另一种是以动态为主的势的均衡。

图9　量的均衡

图10　势的均衡

　　● 量的均衡：一些大门以车行道为中心轴，两边门柱或门房以不对称形态取均衡之势，研究的是门柱与门房形态的高低、大小、胖瘦、厚薄等的比较，在不同体积数量与空间尺寸里寻求重心的平衡，以达到量的均衡。

　　● 势的均衡：一些大门不以车道为轴心，门柱、门房的安排也比较自由，整体形态多以斜线或曲线为主，呈现活泼生动、富于动感的姿态。然而，这样的造型如若处理不当便容易失去平衡与稳定。可在纷乱复杂的动态空间中设定一两个互为牵制的感觉上的中心点，让那些头绪不清、秩序不顺、看似散乱的线、面、体，围绕感觉上的中心点来组织整体形态。可以直线延伸结合放射、曲线流动与旋转的趋势来设计大门的整体造型，通过动势与重心的平衡，获得势的均衡。

（三）比率与节奏

比率是一种比例关系，这里主要指长度分隔而形成的比例，如黄金比、等比、等差、等分、不等分等，也指按特定数列的分割形式。大门设计中，左右形体（类似墙体或柱体）的高低、宽窄、长短形成的比例关系，同一主体立面或平面形体如窗户、玻璃墙体的分格线都可以体现出比率的美感。

图11　比率与节奏

节奏是自然、社会和人的活动中，在包括高度、宽度、深度、时间等多维空间内的有规律或无规律的阶段性变化。不仅限于声音层面，景物运动和情感运动也会形成节奏，可通过听觉、视觉的感受体现出来。如音乐中的节拍往往以时间间隔长短的变化来表达乐曲内容的情感和美感。大门造型虽不具备明显的时间特征，但视觉空间的结构图形反复出现，或连续或断续，所形成的视线运动使人感受到了节奏。大门建筑形态与人的视觉尺度往往具有空间多维性，即距离远近和视线方位与角度的差异所造成的空间形态的多维转换，使大门形象随之发生节奏的变化，进而产生空间形态的进深感、扩展感和流动感。

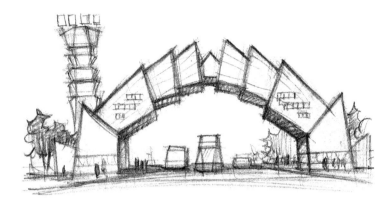

图12 比率与节奏

第5章
大门建筑形象设计的构成要素

　　形态构成（包含平面和立体、空间构成）早已成为艺术与设计类院校的基础训练课程。构成训练以抽象的元素——点、线、面、体、空间、色彩、肌理为基本对象，研究形态构成的图示语言、形式逻辑、空间力象等相关内容。

（一）图示语言

　　进行大门设计时，图纸上的一条线、一块面，无论是单形或者组合图形，都体现着设计师对大门整体功能与形式的思考。两三条直线可表达车行道与人行道的布局与位置；一个半圆图形可能表达中国传统样式的门拱；也许一个三角图形是在示意欧式钟楼的尖顶；几个矩形的叠加也可能显示门柱的稳重与力度。构成学中的图形意义十分丰富，掌握并运用点、线、面及各种几何图形来勾画草图、组织形体，以图示意，让图说话，使看似抽象的点、线、面成为造型的图示语言，起到设计师对方案自我推敲或与他人对方案进行讨论、交流的作用。

（二）形式逻辑

　　构成形态的各种单形、基本形都可以通过分割与连接、折叠与弯曲、分解与重组等手法获得千变万化的新形。这些手法可以被倾向感性思维的艺术家用于绘画与雕塑之类的创作，也可被偏于理性思维的设计师用作逻辑性的图形演变与探讨。这种视觉推理的方法更适合设计师的工作状态。

　　为了便于对形态构成原理与大门形象设计之间的形式逻辑有所直观的理解，这里以单纯的视觉要素（点、线、面等）与关系要素（方向、位置、空间等）分别从平面与立面两个不同的设计视角来探讨一些大门的形态与样式。

　　大门平面：可分对称型、非对称型，包括"一"字形、"八"字形、半圆形、圆形、小弧形、"S"曲线形等。

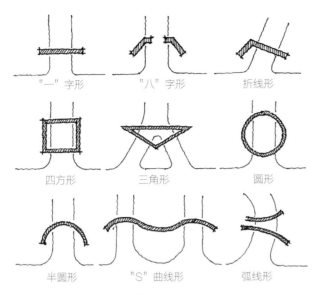

图13 大门平面图形样式

大门正立面：可分为对称型、非对称型，包括正方形、矩形、梯形、三角形、弧线形、半圆形、圆形、"人"字形、"八"字形，交叉型、平行型等；另外还可依据多种形式变化而形成其他复合型，如"x+y"型、"y+z"型、"x+z"型、"x+y+z"型，等等。

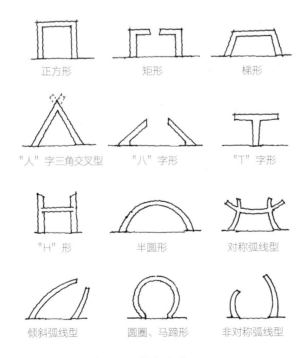

图14 大门正立面图形样式（1）

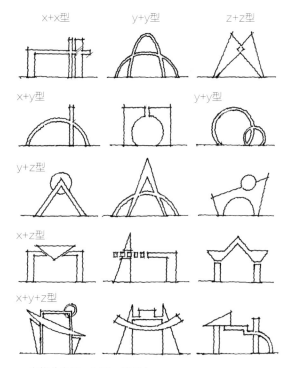

x=直线（方形、矩形、梯形）
y=曲线（圆形、弧形）
z=斜线（三角形）

图15　大门正立面图形样式（2）

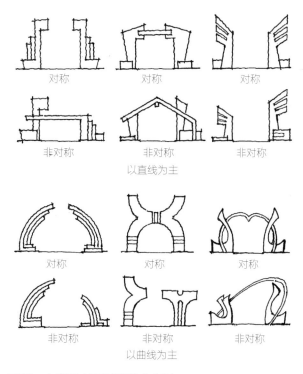

图16　大门正立面图形样式（3）

（三）空间力象

形态构成学把形态看成具有生命力的"图形"，其关键就是这个"态"，如姿态、状态、动态、静态，多与动作相关，表达的是人们因某种内在心理作用引起对外在"形"的变化而产生的一种感受。使空间有形化，这种形是以传递实体间的关系而表现的，被感受为张力，故叫作空间力的形态，形态构成学把这种引发人类视觉意识与感受的空间形态图像称为"空间力象"。通过对空间力象的分析判断，可以感受到空间形态产生的紧张感、力度感、重量感及生命感等。

大门形象设计的草图阶段，设计师十分看重对空间力象的分析，如大门形态的体形大小、方位朝向引起的重量感，横平竖直、上下左右引起的延伸感，圆形、弧形引起的膨胀感和流动感，正三角形产生的上升感，倒三角形产生的下坠感等。设计师必须将这种视觉感知与心理感受共同运用于大门各种形态的相互比较与判断。

大门形象在三维环境中的形体之美在于力度与量感，空间之美在于扩张与流动，这种整体的美感取决于空间力象的构成要素。这就是：①限定方位要素（覆盖、承托、围截），它决定空间力象的基本气势；②视觉要素（形状、色彩、肌理），它决定空间力象的表情效果；③关系要素（显露、通透、实在），指的是视觉的心理因素，决定空间力象的质量。

构成型的大门造型探讨，可以将同一形象的二维立面图形分别按直线型或曲线型进行"对称"与"非对称"形式探索；还可以将同一三维立体形态进行"积木式"的空间组合演变，从比较中寻找更合理、更具美感的大门建筑形象。

设计师必须学会应用构成"空间力象"的要素对大门形象设计的方案草图或模型进行反复推敲：从形体的量感与空间的流动感去审视大门形象的姿态与趋势，从生理与心理上去感受大门形象的视觉表情，从结构空间与审美空间上去协调大门设计的功能与形式的统一，从而把构成学的原理与训练成果在大门设计实践中发挥得淋漓尽致。

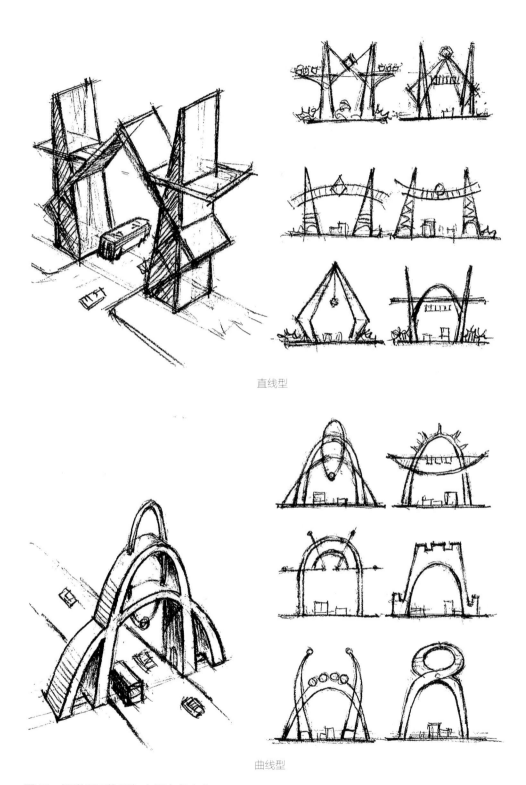

直线型

曲线型

图17 视觉图形推理与空间力象变化

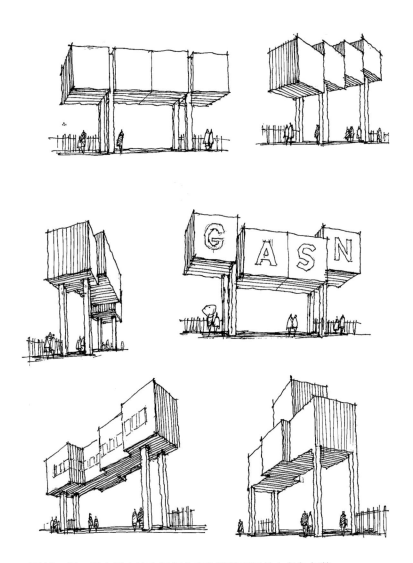

图18　同一基本形态的空间组合变化引起不同的力象与气势

第6章
大门建筑形象设计的草图及表现

关于"草图"之"草"，字典有"草率""草书""草拟"几种解释与本章之"草图"有关。"草率"，说明草图只是一种初始的构想，可粗略一些，无需精细；"草书"，要求勾画草图的用笔精简、迅速与流畅；"草稿"，表示草图只是方案初期的一个过程，还不是最后的结果；"草拟"，则显示设计师刚进入初步设计的一种工作状态与设计行为。

（一）草图画法及要点

大门建筑设计开始，设计师首先要解读设计任务书，了解意图，收集资料和数据，尽可能现场踏勘，制订可行的设计计划。随后设计师便可根据建筑大门使用功能与形象创造的侧重点不同，选择不同的切入点，进入方案构思的草图阶段。

一般情况：设计师在总平面图上参照与使用功能相关的大门环境状况、道路交通、消防安全等因素，确立大门的定位，勾画出有一定范围和比例的平面图形。在此基础上升级为大门建筑的立面图形，这个阶段的草图将更多的精力放在大门形象的文化内涵、视觉审美和形态构成等综合要素的构思与塑造上。

另一种情况：设计师在了解各种设计初步的先决条件之后，凭借个人在空间想象与绘画造型能力方面的优势，可以省去平面草图这一过程，而直接草绘出一个或一组简略的大门形象，在朦胧中深化，在比较中选择，直到从中获得一个或一组满意的大门建筑设计草图。

这种设计草图主要用于设计师构思阶段的自我对话，也可用于设计团队内部、同行之间的相互探讨。如果这种草图里的环境关系清楚，建筑形体的比例、透视准确，刻画也较为细致，且有一定的说明性，将其交与甲方或主管部门进行初审、汇报，也能达到不错的效果。

（二）草图基本功

设计师的草图表现功力来源于绘图基础与素描基础的训练，俗称"基本功"。建筑设计专业的图示通识语言，即"平""立""剖"图形表达，在"设计初步"课程基础训练中是无可替代的。然而对具有传统意义的美术基础——"素描"则是争议频发，"保留"或者"取消"，各有说法，以"设计素描"（也称结构素描）取代原来的"调子素描"，是现行的普遍做法。

笔者根据自己几十年从事建筑学专业基础课程教学与研究的实践经验，曾在《形态设计素描》一书中，推出了全新观念的"建房程序素描法"：强调由内至外、由下至上，真正地从物体结构出发，认真观察、理性分析、准确表现所描绘的物体，通过训练，可以对物体客观的写生逐步转变为能够快速而准确表达主观想象的各种形态与空间。几何形体与抽象形态是写生画和想象画的主要内容；平面与立面、二维与三维的图示语言也同时纳入写生（速写）与想象（准设计）的作业课题。"透视"与"比例"是训练与表现中难度较大的部分，目测感觉判断十分必要且非常重要。但不提倡以临摹或描摹对象外形的训练方法。

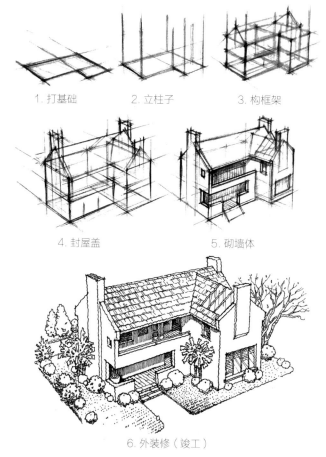

1. 打基础　　2. 立柱子　　3. 构框架

4. 封屋盖　　5. 砌墙体

6. 外装修（竣工）

图19　"建房程序素描法"步骤图

（三）草图透视画法

大门建筑的透视画法大体可依据构图或者取景的需要分为"俯视"与"平视"两大类。

俯视（也称全景、鸟瞰），宜表现大门环境与周边道路关系较为复杂、建筑形态层次变化较为丰富的场面，便于较大范围地研究大门造型与环境之间内在的结构关联和外在的图形衔接。

平视（可含仰视），是以常人身高的视点，选取正面或偏侧面一点的视角来展现大门建筑的形象。平视的草图效果与建成后实物的观看感觉更为接近，也是设计师勾画草图时常用的视点与视角。由于视点偏低，靠前的形体对靠后的形体易形成遮挡，因而平视草图宜多选择几个角度来表现更为全面的场景效果。

在确定了"俯视"或"平视"的构图类型后，如何运用绘图透视原理中的视平线（HL）、灭点（VP）来画草图是本节的重点。下面选取两个案例，分别做草图绘制的步骤分解。

【俯视案例】

● 步骤①：在图幅上端画一条水平线（HL），在其两端头分别设灭点VP_1和VP_2，作两点透视（成角透视）草图。若想提高鸟瞰表现的纵深度和广度，视平线常常会超出图幅顶端的边界，图幅内看不到视平线和灭点，这就要求作图人始终记住并依赖图幅外的这一条线（HL）和两个灭点（VP_1、VP_2）进行绘图。建议：图幅横向边框范围内设一个灭点VP_1，另一个灭点VP_2则设在对应边框范围外面稍远的视平线上适当的位置。两个灭点距离过近容易使所画图形失真。

● 步骤②：在图面上画几条边沿道路透视线，纵深水平道路的边沿直线一定相交于灭点（VP_1）。如遇明显的斜坡路面，则适当提高其相交灭点的位置，变

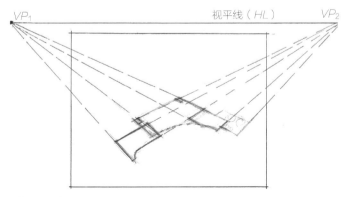

图20　步骤1

成"斜面透视"所指的"灭点"（*E*），相当于三点透视中的"天点"。而视平线（*HL*）上的两个灭点（VP_1、VP_2）仍然是所有符合两点透视的造型物体的参照点。随后，在道路与环境的透视线中勾画大门平面基础的大体形状，再由下至上升起大门的柱体和建筑的粗略形态，借助结构素描手法画出大门的基本形态。

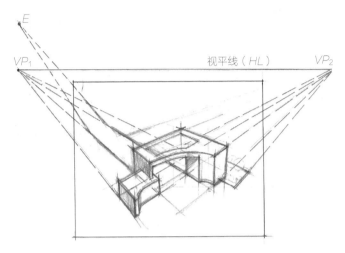

图21　步骤2

●步骤③：按照大门的构思意图，在基本形态的框架上围绕主题进行形式构图的推敲。铅笔稿的线条可由淡至浓、由模糊逐渐清晰，直至图形表达出设计的目的和意图。勾画草图的整个过程均须注意所画图形结构线的透视关系与尺度比例的准确，以保证大门设计造型的真实性。

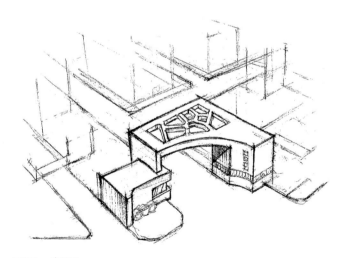

图22　步骤3

●步骤④：俯视图的场面大、背景多，现场速写与拍照均可作为作图的参考。对环境状况较为准确的刻画，更能突显大门建筑形象的主题表达。大门背景中的植物、人物、车辆也能更好地烘托图面的主题气氛。人物、车辆有着较为固定的尺寸，借助其可以较好地表现大门主体建筑的尺度感。

对草图表现程度的要求，可浅可深，视设计过程的需要而定。一般情况，设计初期可粗略一些，设计后期则应细致一些。

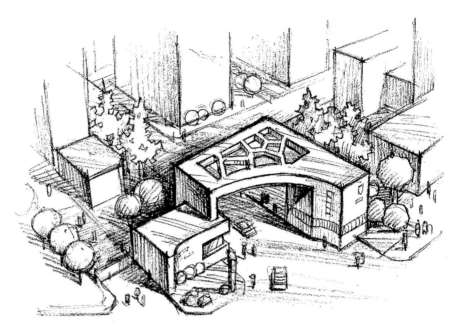

图23　步骤4

【平视案例】

●步骤①：首先，靠图幅下方1/4或1/5处，做视平线HL和灭点VP₁、VP₂。原理和做法与"俯视案例"步骤相似，只是地面上的人行道、车行道和大门前后纵深的空间变得十分紧缩，几乎成了一条直线。随后就在这近似一条直线的横向空间上估计大门形体的长、宽、高，按透视变形后的尺寸、比例进行划分，点画出各部分的底部形状。

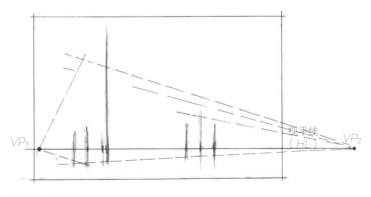

图24　步骤1

● 步骤②：将地面上的形状由下往上升成立面形态（此时应关注竖向与横向的比例）。按照立意构思与视觉审美的判断，确定大门顶部位置；再依人和车辆出入的实用要求，确定大门横跨的底部的位置，并分别向两个灭点画出导向性的结构图形透视连线，直至完成大门形态的基本框架图形。

● 步骤③：大门形象的推敲、刻画与"俯视案例"步骤③相同。

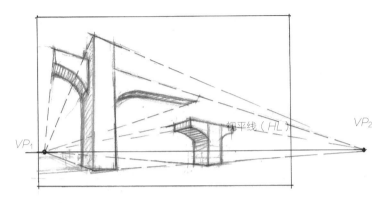

图25　步骤2

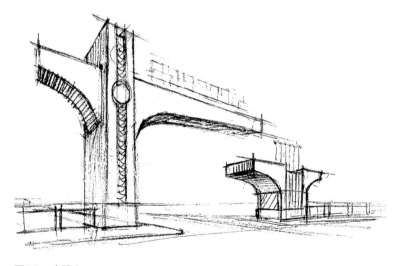

图26　步骤3

● 步骤④：环境、背景及车辆、人物的点缀等与"俯视案例"大体相同。注意人物头部保持视平线的水平高度，而人物脚底的站点则呈现近低、远高的透视规律。

图27　步骤4

（四）草图着色

设计草图以铅笔或钢笔的黑白效果表现为主要形式。为了进一步丰富画面的艺术感染力以及材料、肌理的说明性，也常常用到着有色彩的设计草图。彩色铅笔、马克笔和淡水彩运用较为普遍，色粉与水粉较少使用。还可将黑白草图扫描输入计算机，运用着色软件加以渲染获得多种样式的艺术效果。

多数情况，草图上的黑白对比已将大门建筑形象基本表现到位，附加着色不宜过多、过浓，突出形象主体，烘托主题氛围，发挥色彩个性，达到着色目的即可。

几种主要着色手段的特点：彩色铅笔着色可深可浅，由浅入深，颜色相互叠加，易于掌握；马克笔色彩浓重，对比强烈，笔触力度感好，颇受设计师喜爱，其缺点是颜色种类受限，且不易过渡。也可将彩铅和马克笔二者混合使用，更容易操作。水彩着色注意笔上水分的控制，胶版纸水多易皱，宜少水、薄色、分次叠加。若在水彩纸上着色，则可浸润渲染，充分发挥水的特性。

草图的着色，点到为止，它有别于设计方案完成后的效果图，要保持它简练、帅气、生动的"草"性，有点粗犷也不妨。（可参见第7章中部分彩铅或马克笔表现图）

第7章
大门建筑工程实践设计方案图例
（方案草图及效果图）

　　大门建筑的设计，也是实践性很强的工程项目，从工程立项到甲乙方合同签署，从方案草图的构思到规划许可、施工图审查以及消防设计审核通过等，从资料搜集到现场踏勘，从施工图交底到施工过程的现场处理，从材料的选择到设备、设施安装到位……直至竣工验收，经历了一般建筑所经历的全过程。也正因如此，笔者经历多年教学、科研、工程实践，对大门建筑设计有着深切体会：①大门建筑的形式与功能必须兼顾；②大门建筑的形象构思应有较为丰富的文化内涵，并体现一定的地域特征；③大门建筑的形象审美要有时代精神和公众属性；④大门建筑的形象设计要求设计师具备较高的艺术修养和较深的绘图基本功，以及全面解决问题的综合能力。

　　这里介绍的大门建筑工程实践，结合本书内容主题选择了部分设计方案的草图或效果图，供读者参阅。

1. 西南政法学院大门设计方案（1990）

大门设计草图

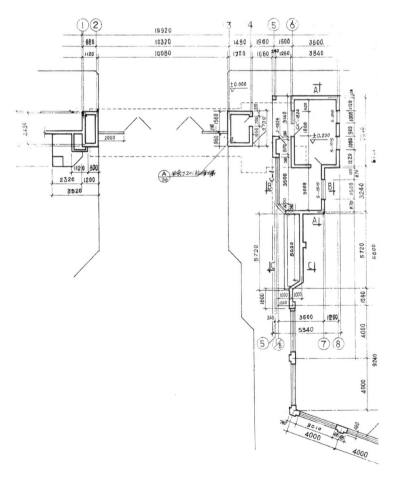

平面图

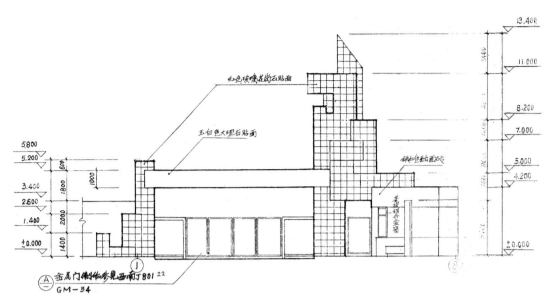

红色玻璃喷花岗石贴面

玉白色大理石贴面

铁红色釉面石

金属门制作参见西南J801²²
GM-34

正立面图

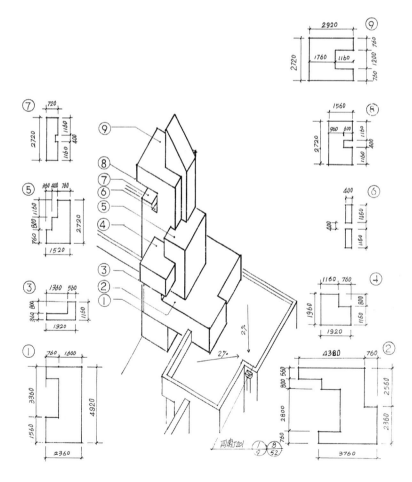

主体造型大样图

效果图

方案之一

方案之二

2. 重庆电力培训中心大门设计方案（2001）

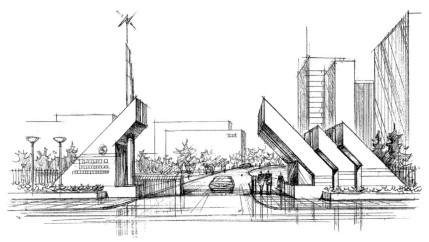

方案设计图

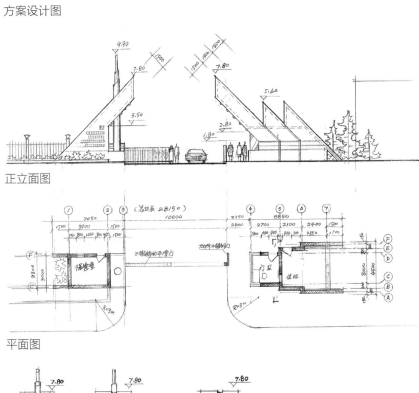

正立面图

平面图

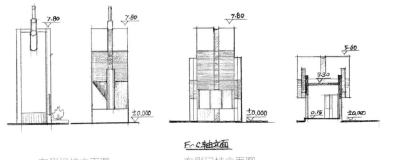

左侧门柱立面图　　　右侧门柱立面图

侧立面图　　　　　　　　　　　　　1-1 剖面图

3．牌坊之乡——隆昌高速公路入城口大门方案（2006）

方案之一

方案之二

方案之三

4．重庆铁山坪森林公园大门方案（2001）

（1）大门方案

方案之一

方案之二

方案之三

（2）后山门方案

方案之一

方案之二

方案之三

5. 四川泸州龙马潭小区大门方案（2008）

方案之一

方案之二

6. 重庆寸滩保税港区物流中心大门方案（2006）

方案之一

方案之二

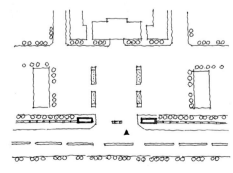

总平面图

7. 重庆金江水泥厂大门方案（2004）

方案之一

方案之二

8. 四川自贡市高速路出入口城标大门方案（2000）

设计元素来自盐都、恐龙、彩灯

方案之一

方案之二

9. 四川泸州第四中学校门方案（2004）

方案之一

方案之二

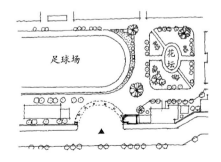

总平面图

10. 重庆江北区污水处理厂大门方案（2004）

方案效果图

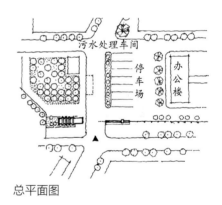

总平面图

11. 重庆工业高等专科学校教学区大门设计方案（2003）

方案效果图

12. 四川广元市某宾馆大门方案（1999）

方案之一

方案之二

总平面图

13．重庆大学虎溪校区大门方案（2004）

方案之一

方案之二

14．重庆市大坪医院大门方案（2005）

方案之一

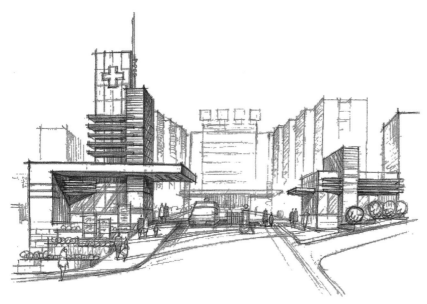

方案之二

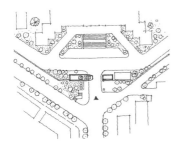

总平面图

15．重庆市人和街实验小学大门方案（2008）

方案设计图

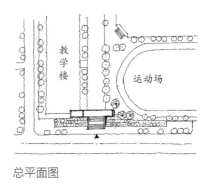

总平面图

16．重庆大学C区新校门方案（2001）

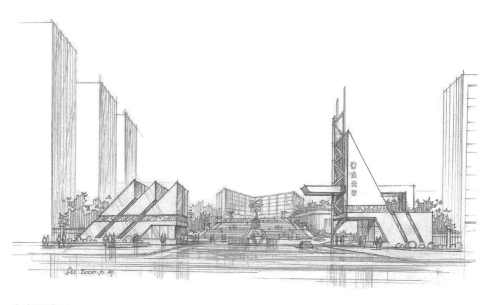

方案设计图

17．重庆武隆白果峡景区大门方案（2001）

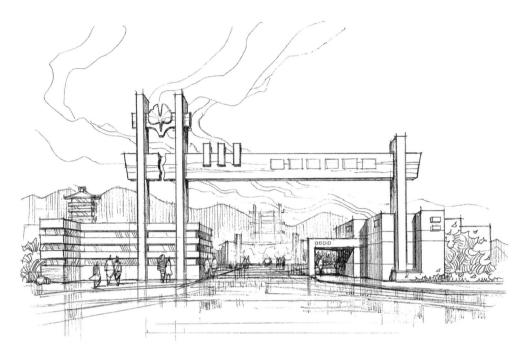

方案之一

方案之二

18．重庆市第九人民医院大门方案（1997）

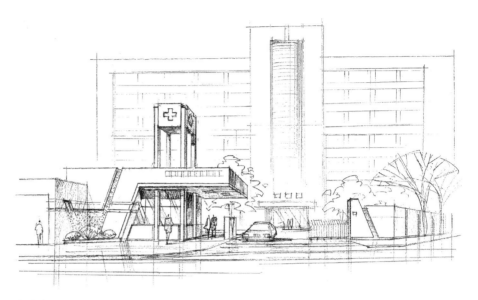

方案之一

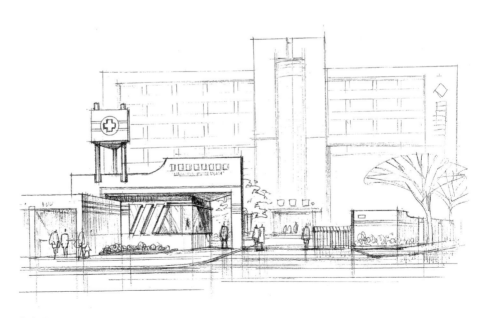

方案之二

19. 西南民族学院南大门方案（1998）

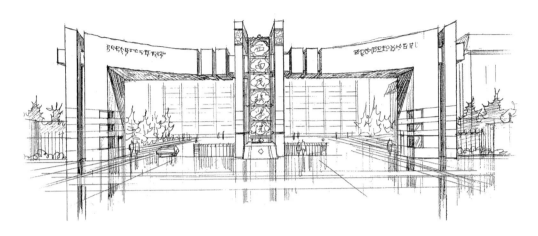

方案之一

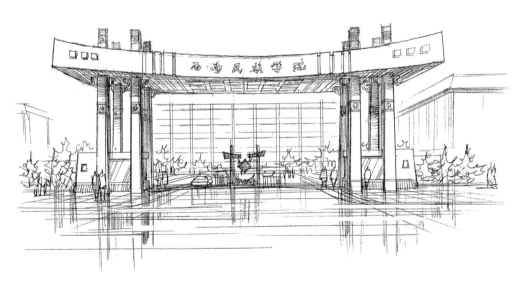

方案之二

20. 重庆市西南医院大门方案（2001）

方案效果图

21. 重庆电力培训中心大门方案（2001）

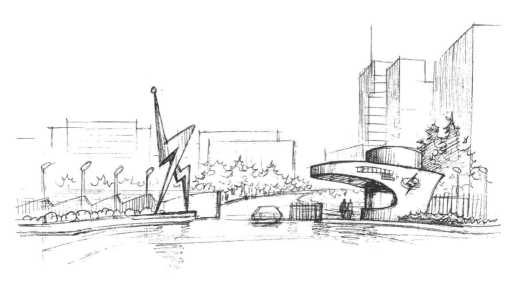

方案设计图

22. 重庆电子科技学院大门方案（2006）

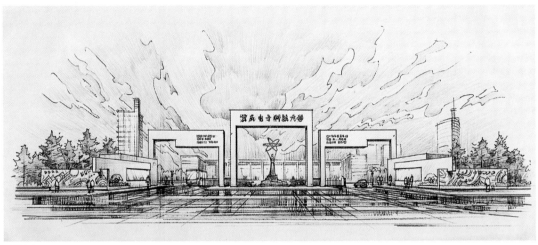

方案之一

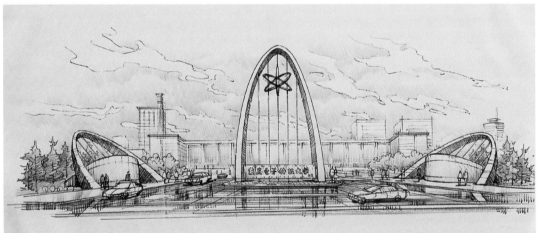

方案之二

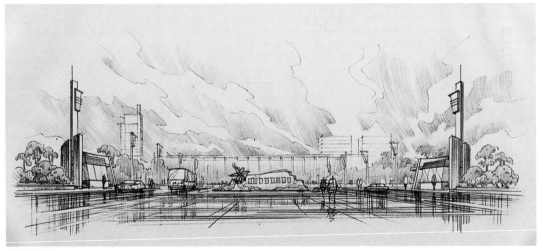

方案之三

23. 重庆三峡医药高等专科学校大门方案（2004）

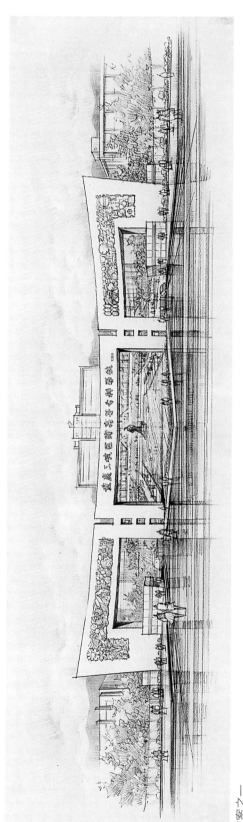

方案之一

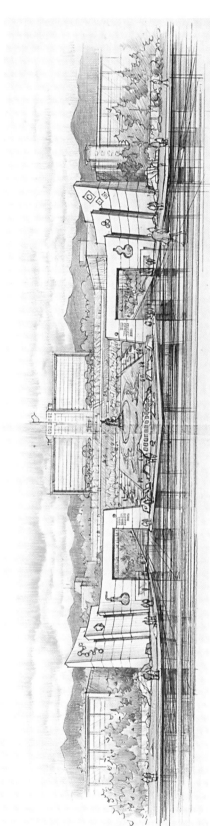

方案之二

24. 某城市一住宅小区大门方案构思草图（2015）

以下是根据城市某小区的地形总平面图，做不同形式与风格的大门（入口）设计方案草图。

首先，依据平面图的标高尺寸，按尺度比例与透视关系准确地构思并画出具有立体空间效果的地貌图形。然后，在其基础上作不同角度、不同高度的大门（入口）建筑形象构思草图。

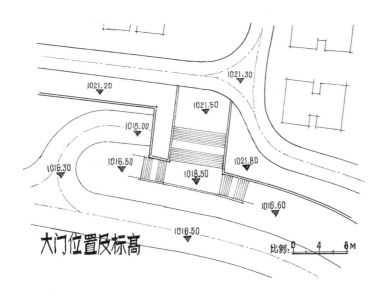

总平面图

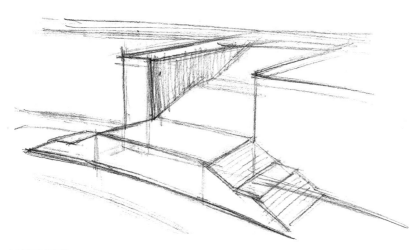

地貌透视图

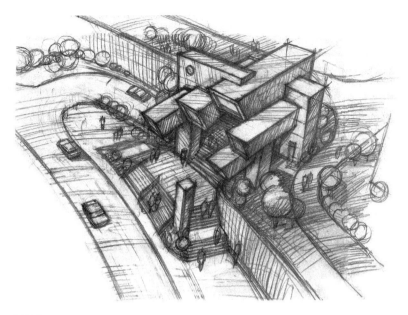

方案之一

方案之二

方案之三

方案之四

方案之五

方案之六

方案之七

方案之八

方案之九

方案之十

25. 重庆"金山美林"住宅小区大门方案草图（2011）

方案之一

方案之二

26．重庆御馨园住宅小区内地下车库出入口草图（1999）

方案之一

方案之二

方案之三

方案之四

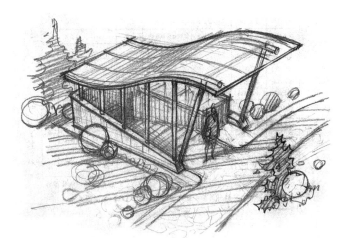

方案之五

方案之六

第8章
大门建筑形象概念性构思草图

　　这些草图构思不受实际工程的种种要求与限制，任由笔者遐想。创作前，可假设一个地域与环境，假定一种功能与需求。近几年笔者从形式构成的概念出发，不经意间构思出许多大门建筑形象的草图：有的是心血来潮，偶然所得；有的是触景生情而留下印象；有的是受视屏上一闪而过的图像所启发；有的则是受某一概念影响后试探一种或多种表达的方式而得来。现将这些零零散散的随笔草图稍做整理与归类，供读者参考，望有所启发。

　　本书中所有的大门建筑图形均为笔者原创。

　　以下分类没有按惯用的建筑功能或使用单位的类型，而是依大门形象的形态个性来进行分类，旨在充分发挥读者的自我解读。

　　概念性大门建筑的形象分类：

　　①稳重型；

　　②活泼型；

　　③自然型；

　　④构成型；

　　⑤其他型。

稳重型

"稳"即稳定、平稳，可延伸为安定、端正、对称、平衡等意思；"重"即重量、分量，可延伸为力度、沉着、压迫等意思。

那些宏大、庄严的建筑会被给予稳重大方的评价。稳重的大门造型常用于政府机关、事业单位、金融部门等或纪念性较强的公共空间，以显示其端庄、肃穆的形象性格特征。这类大门建筑形象方面具有稳定、庄重的特点，形式方面具有对称、均衡的特点。

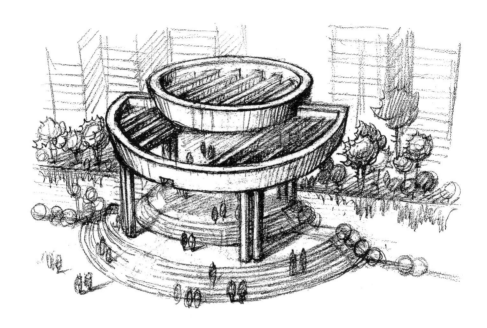

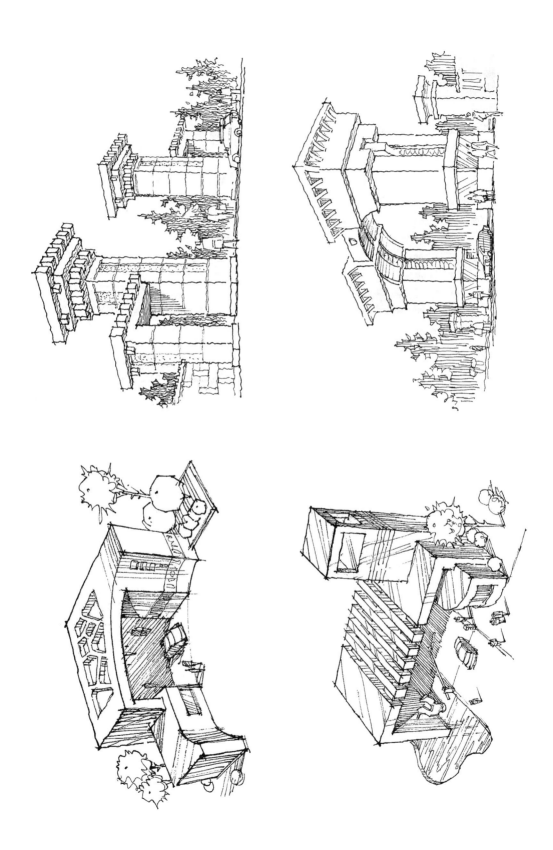

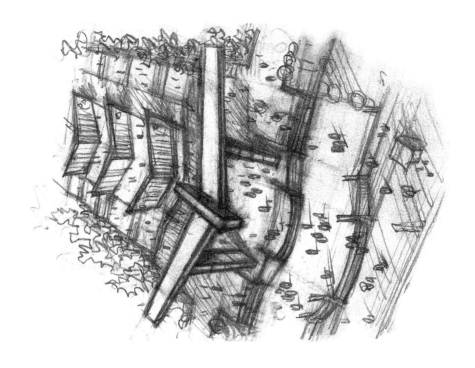

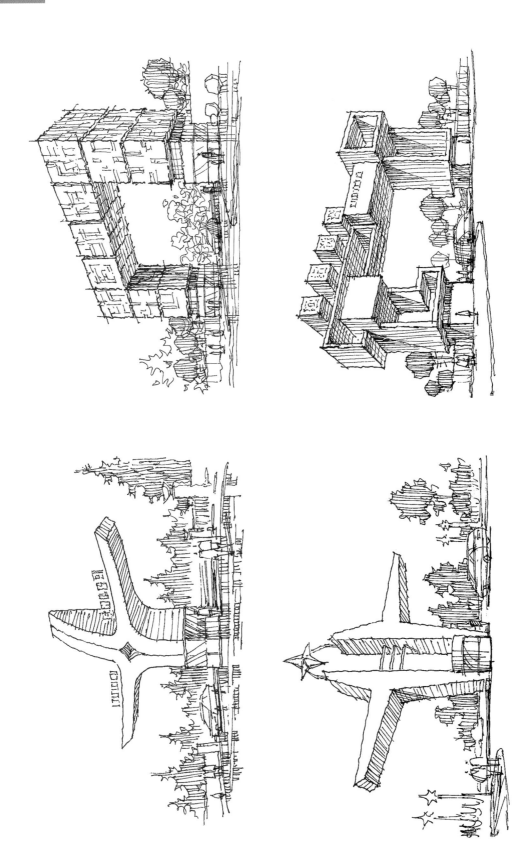

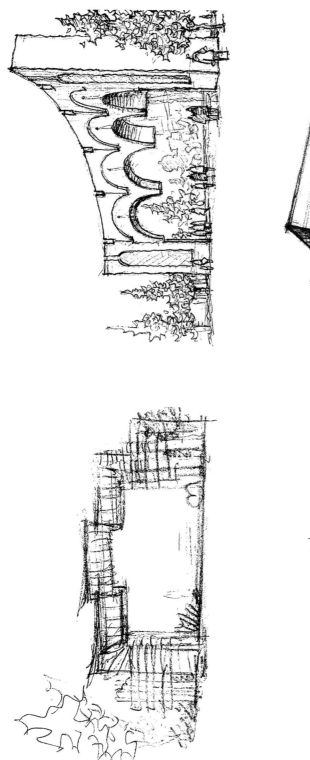

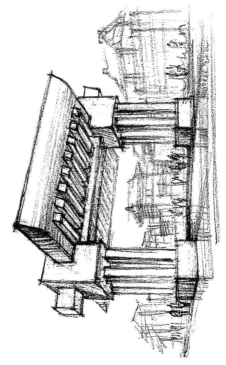

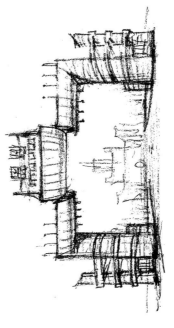

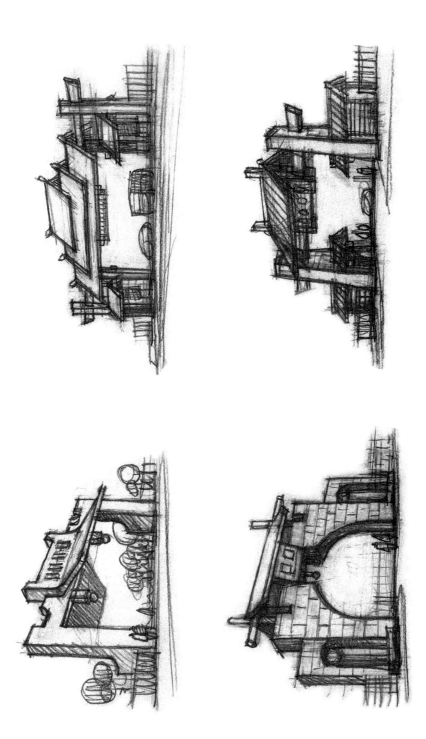

活泼型

"活泼"有"生动、活跃"之意，也可引申出欢快、阳光之感受，外在造型上则体现为生动、不呆板。

从大门建筑造型的构成元素上看，垂直线与水平线带来稳重的效果，斜线与曲线则多为活泼的效果所用。

活泼的大门形象常用于体育运动场所或青少年、幼儿教育机构、文艺单位等。

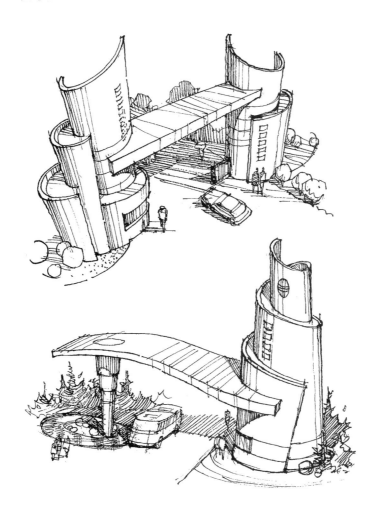

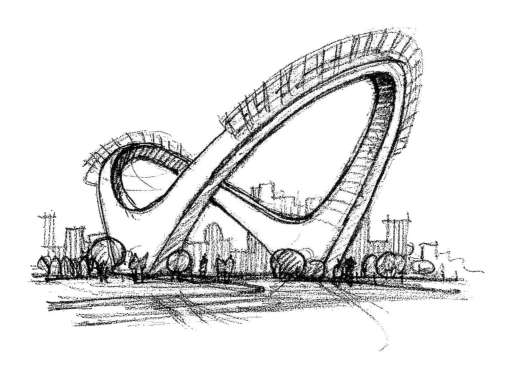

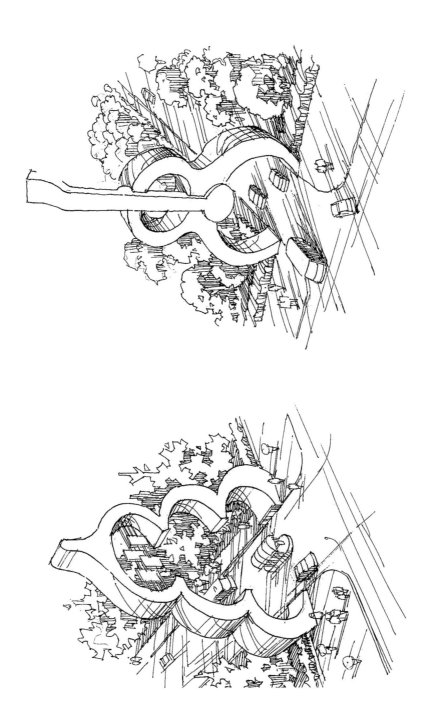

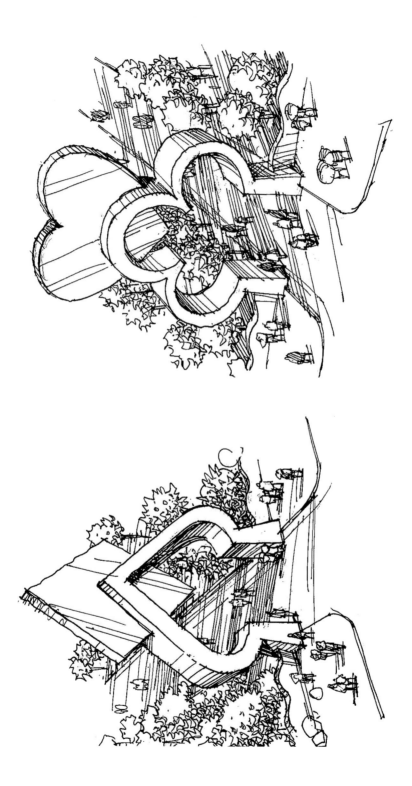

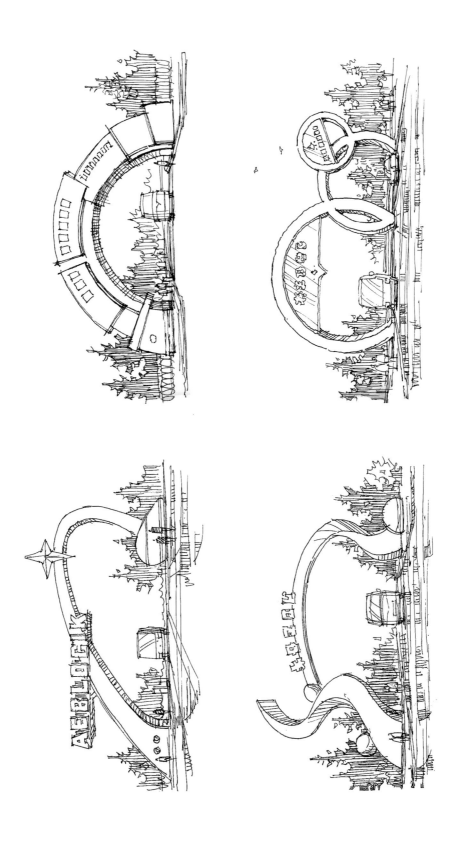

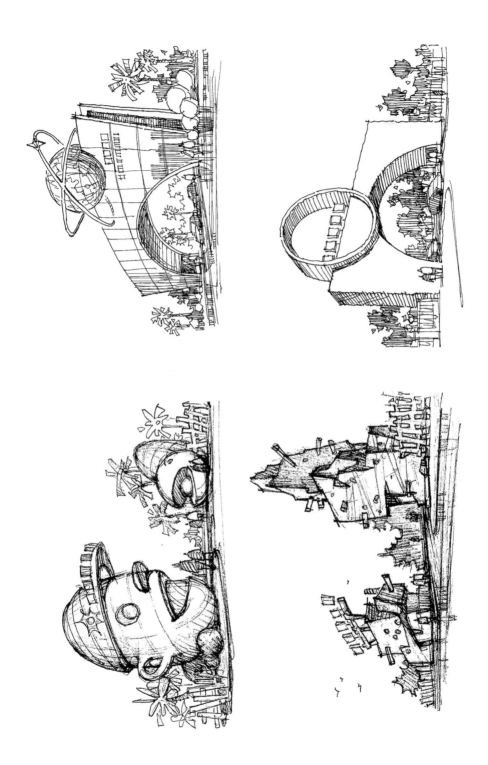

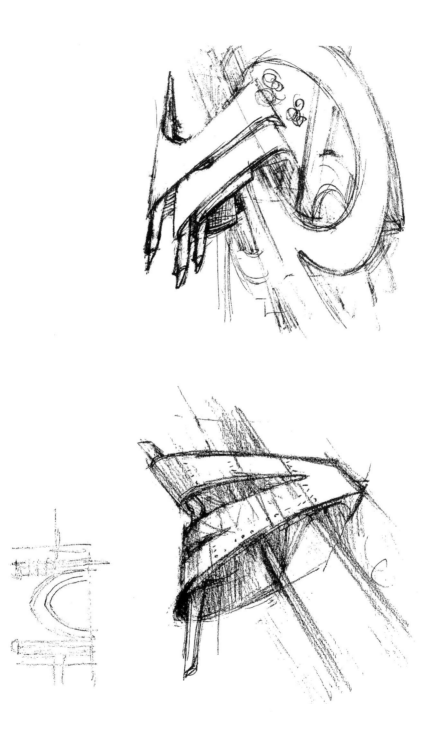

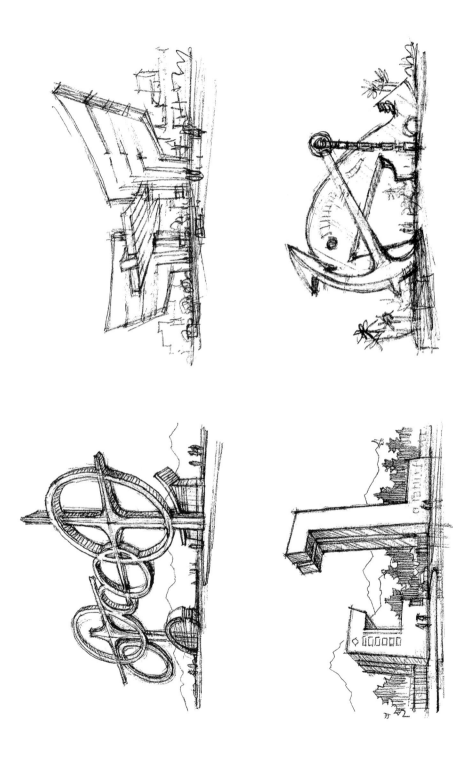

自然型

"自然"在这里包含两重意思：一种是在精神方面崇尚自然，追求自在、轻松与生动的时尚造型；另一种是指在设计与建造手法上尊重自然或效仿自然的形式追求，包括对自然地理、生态环境的保护与利用，也包括建造用材方面对原始、天然材料（泥、石、木、土）的合理运用等。

自然型的大门建筑往往用于休闲场所、公园庭院、乡村民宿或与自然亲密接触的风景区。恰好这些地方也正是拥有大量的自然建筑材料可供利用。

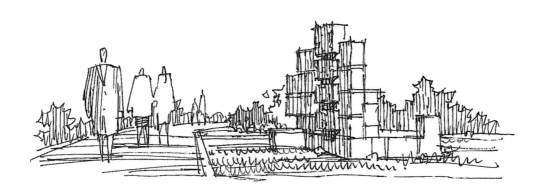

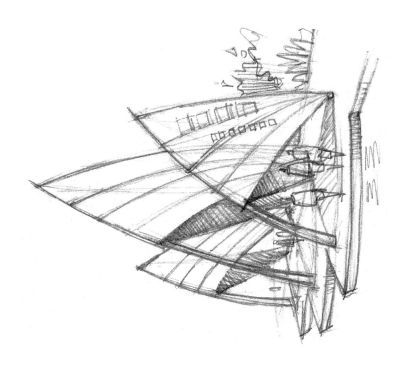

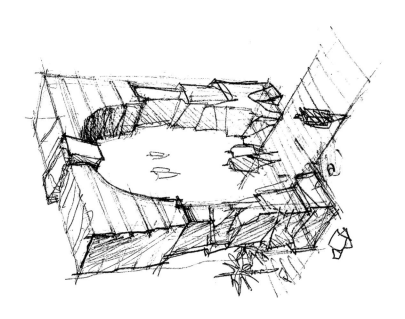

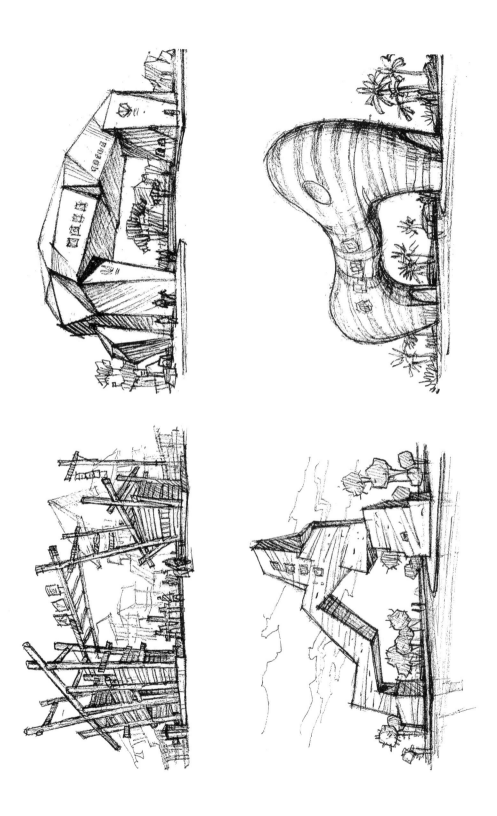

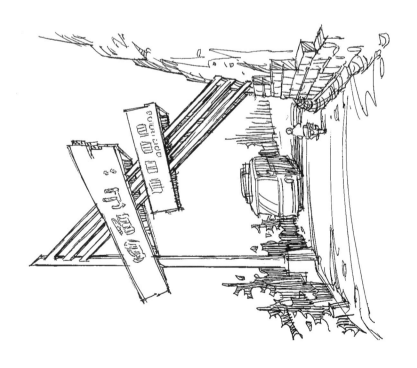

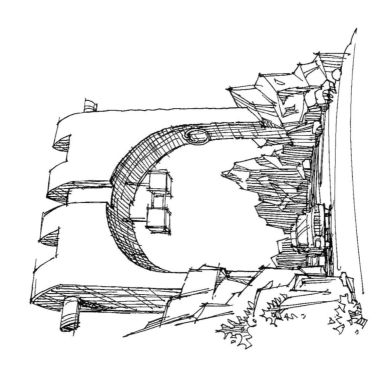

构成型

　　"构成"有借用现代设计基础训练的造型手法，淡化其形象设计的文化内涵和主题内容，偏重于建筑形态构成的形式美与趣味性之意。

　　构成型大门的设计注重构成要素的逻辑演变，富于现代艺术的抽象性与表现力，也更具现代感与时尚性。此类大门建筑形象受主题内容的约束较少，造型偏几何形态，往往更具适应性和普遍性。实际应用时在关键部位稍做个性化处理或添加某种标志，也较容易重新获得主题特征。

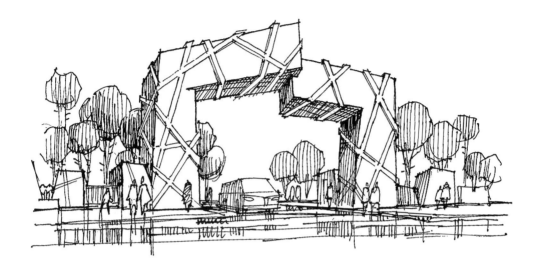

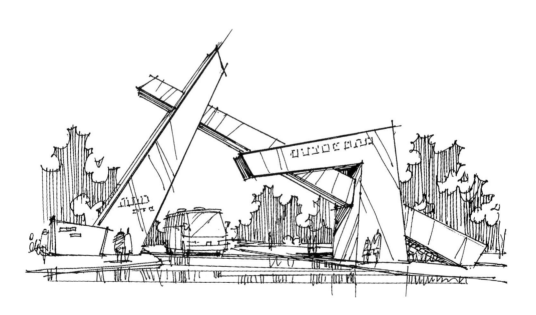

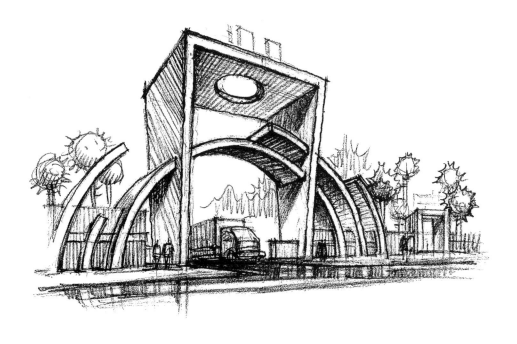

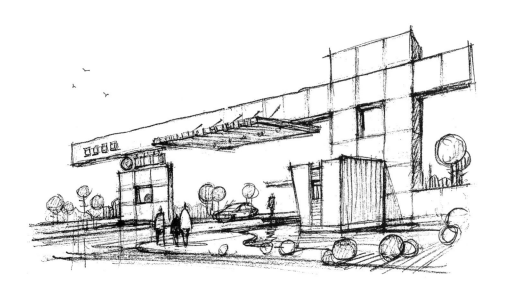

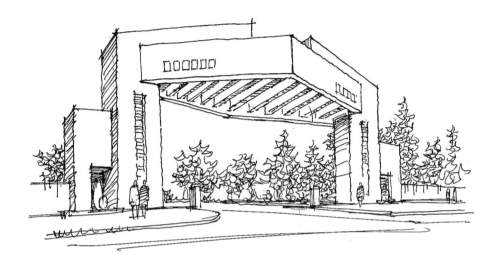

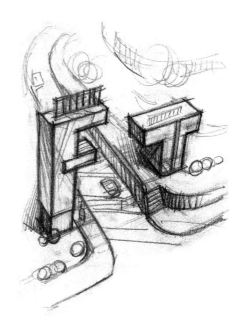

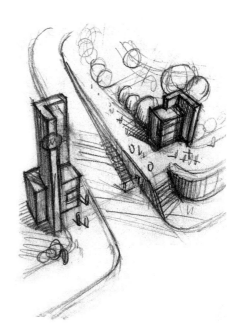

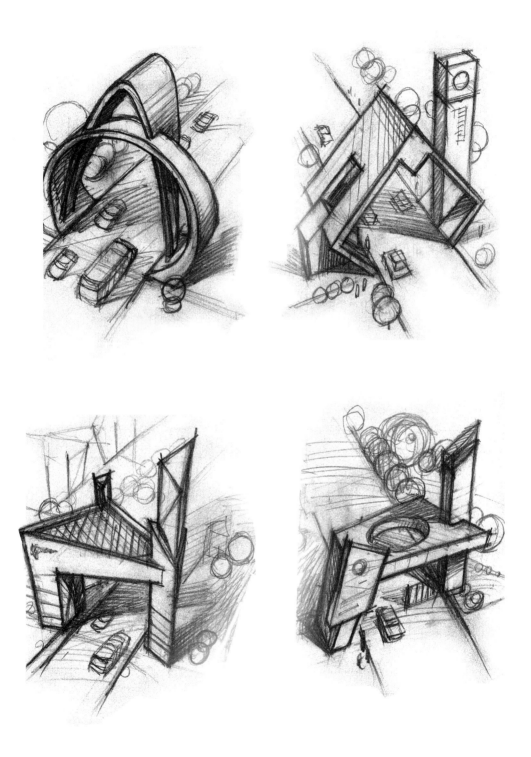

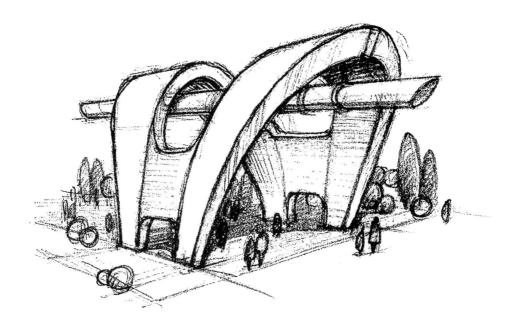

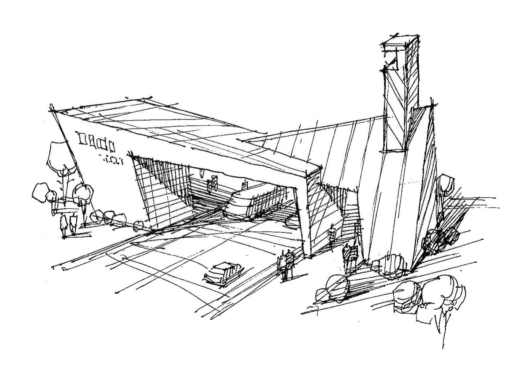

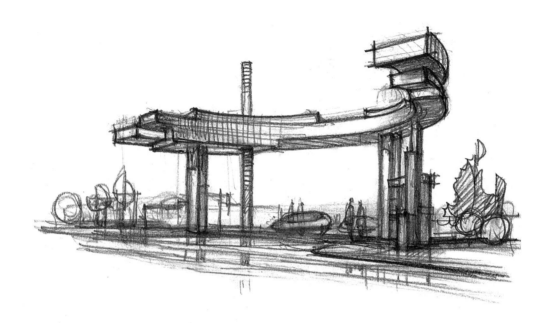

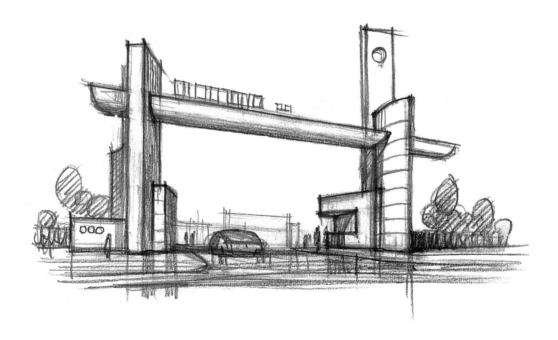

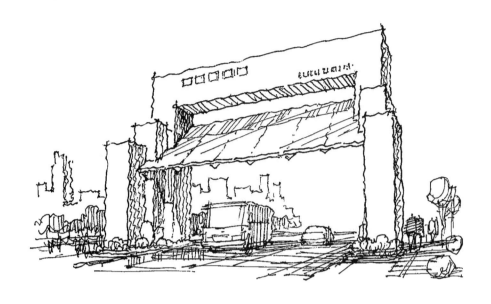

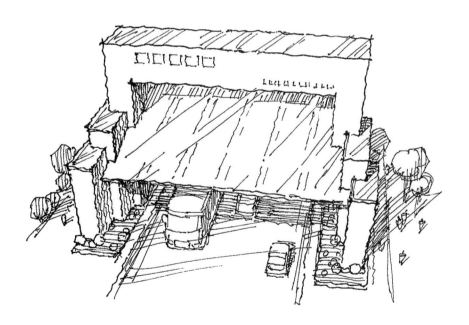

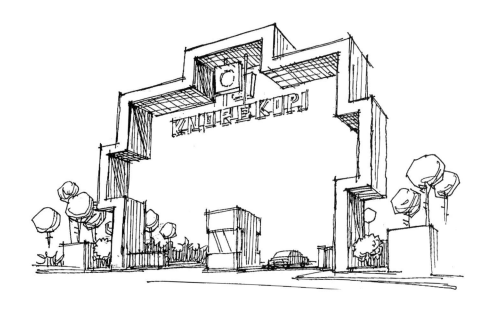

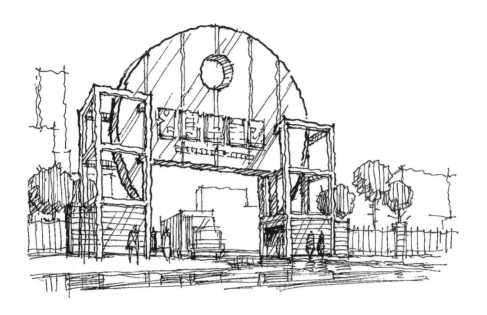

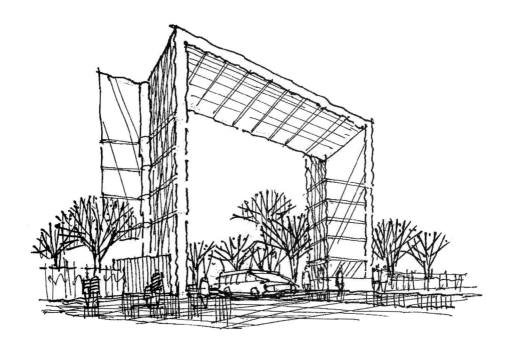

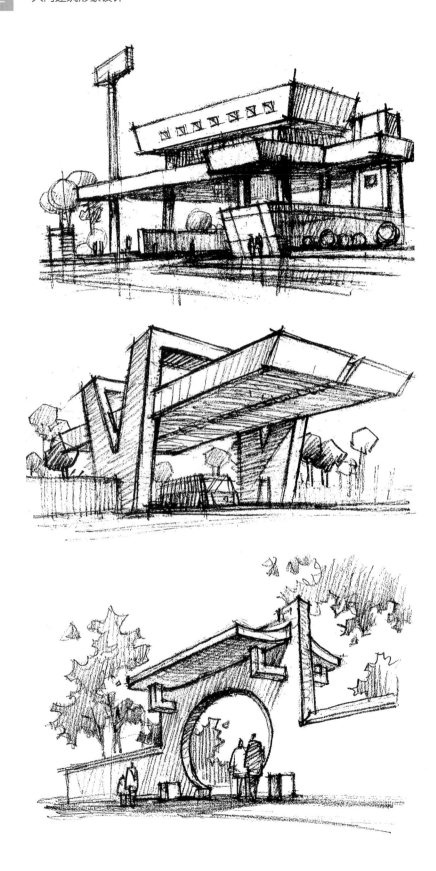

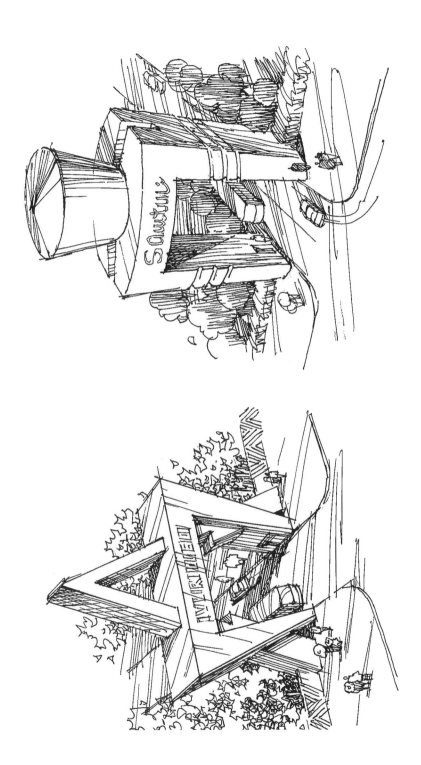

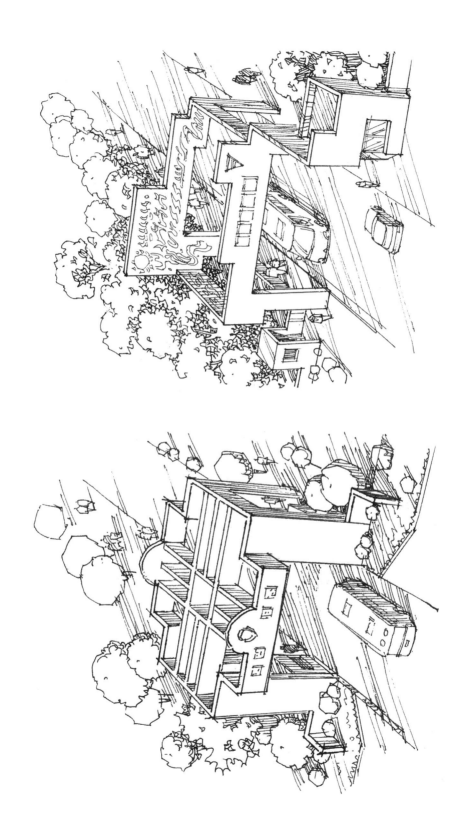

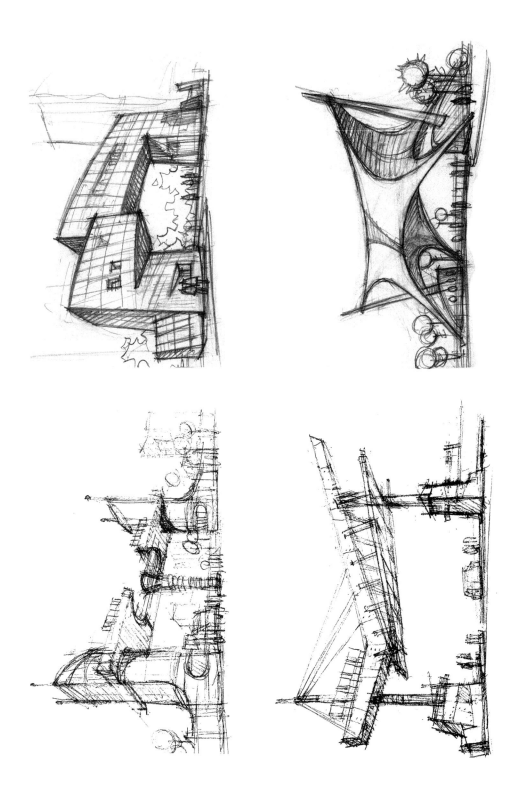

其他型

　　一些大门形象个性特征不十分鲜明，其主题内容与造型元素具有一定程度的混搭与复合性特征，难以单纯概括归类，故设"其他型"将其收纳。

　　此类大门的表面形式与"构成型"有些近似，其主题内容不一，形式丰富多样：有以图案、字母、符号做构成元素，有以十二生肖为题材，有将地域特点、民族风格融为一体，还有使用以建筑语言为载体的抽象造型等。

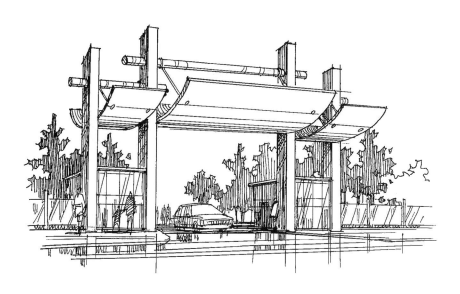

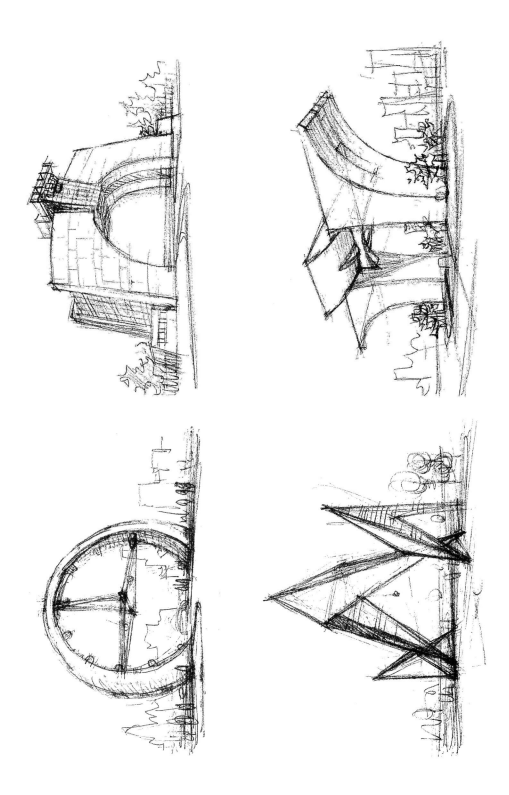

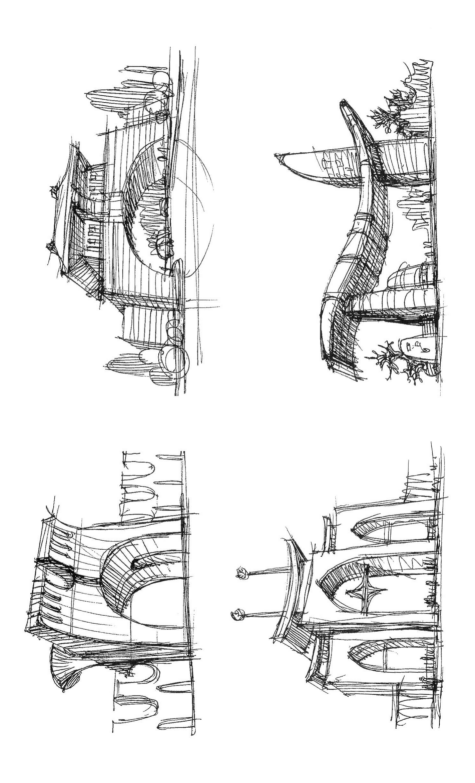

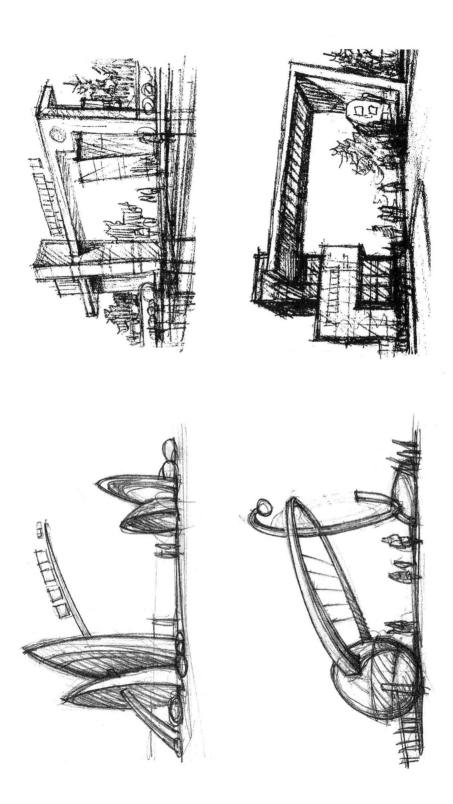

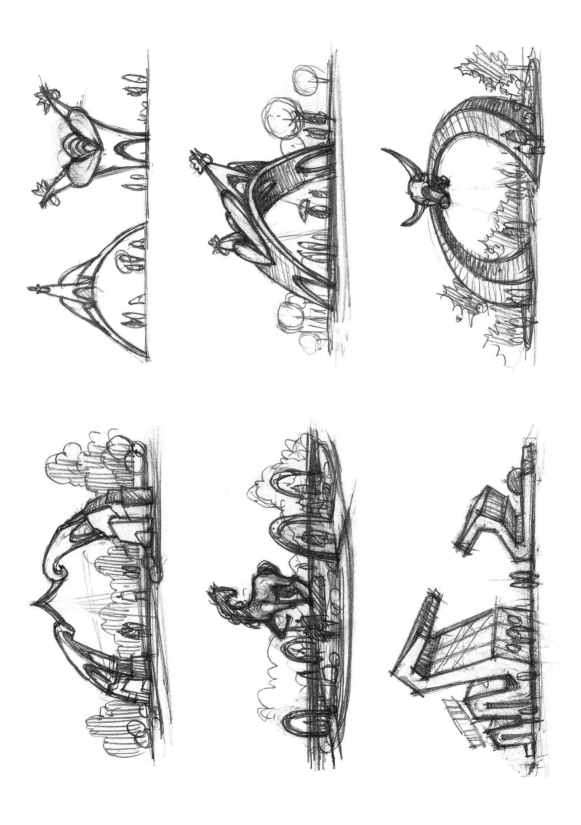

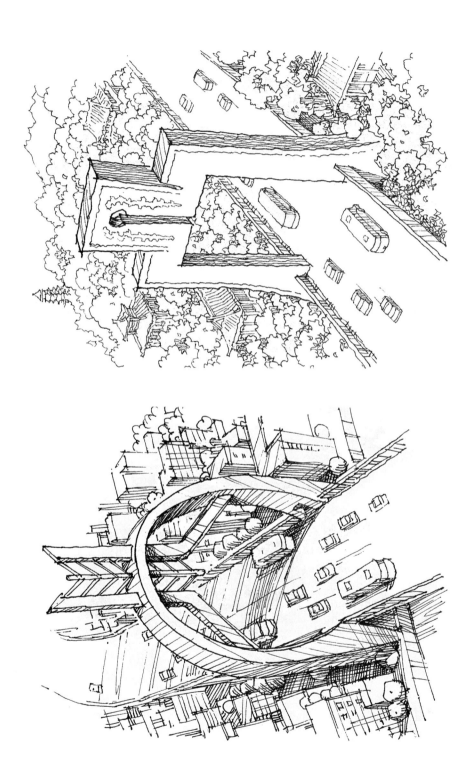

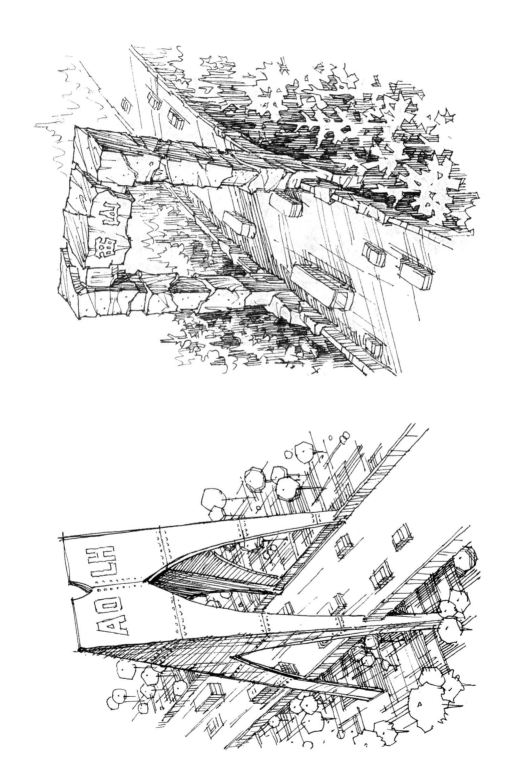

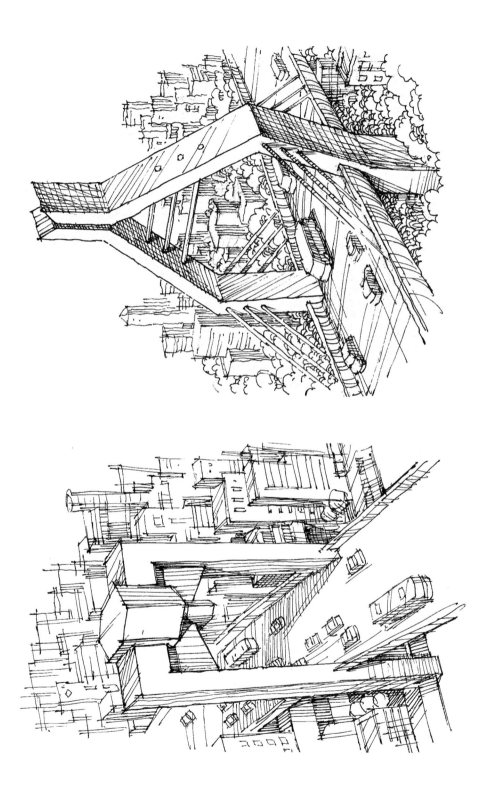

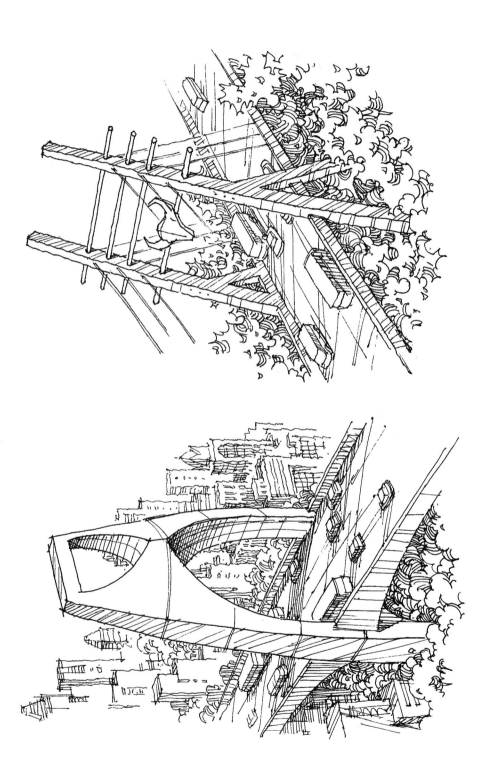

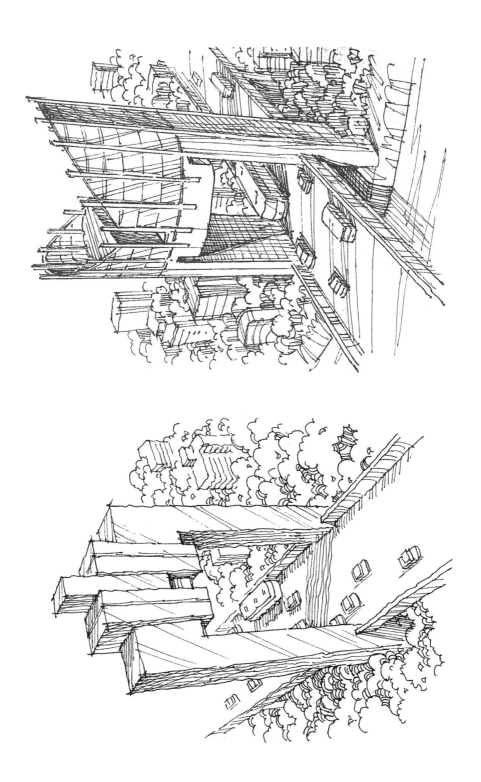

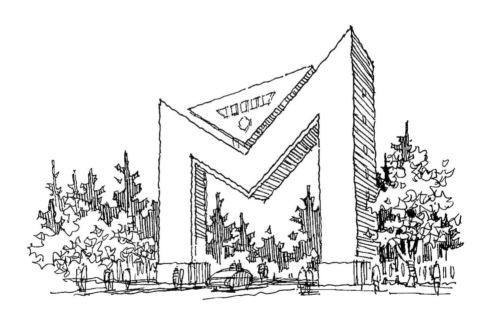

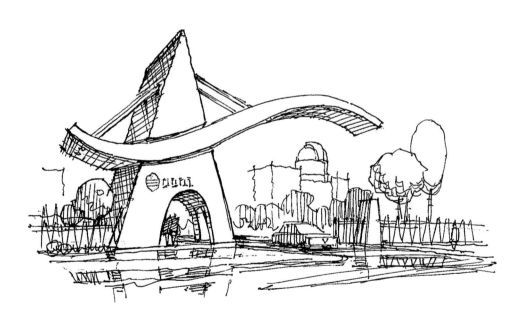

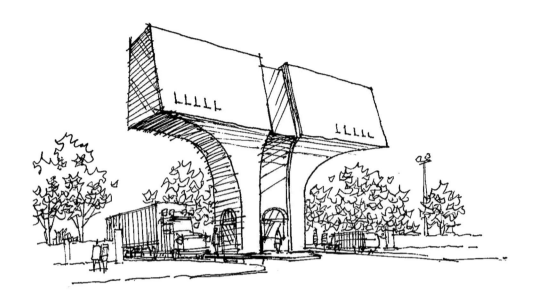

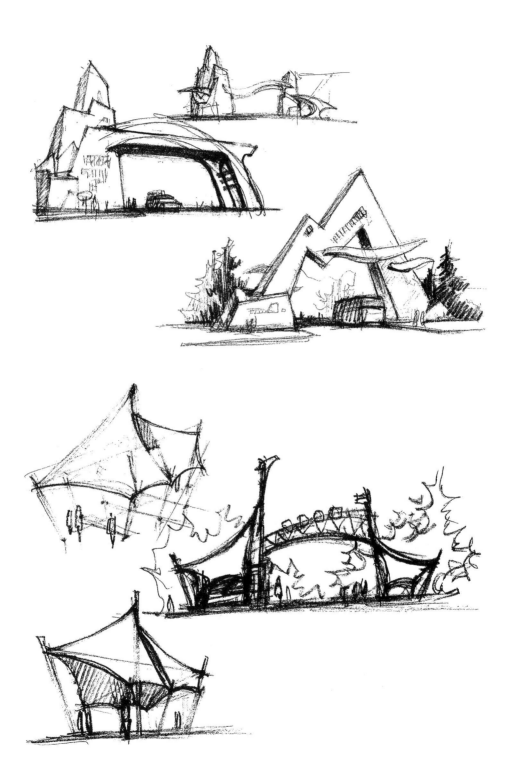

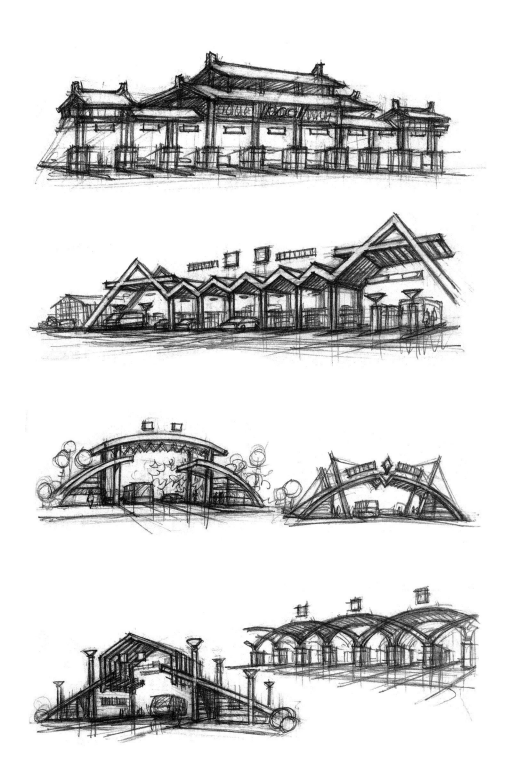

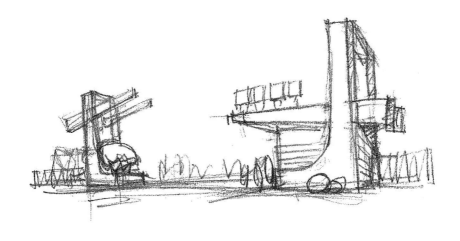

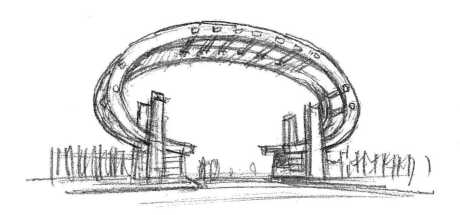

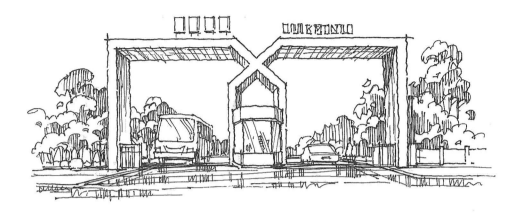

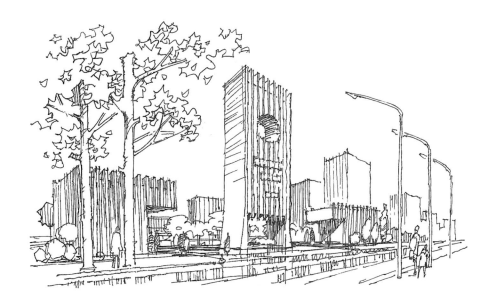

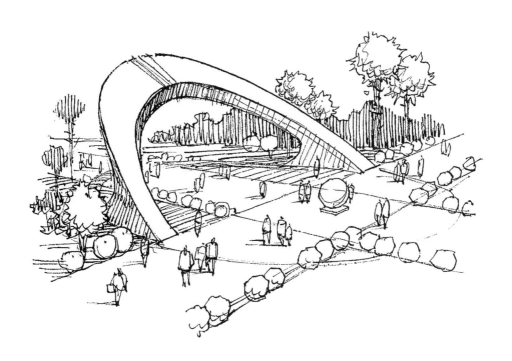

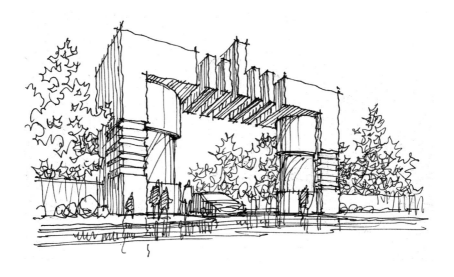

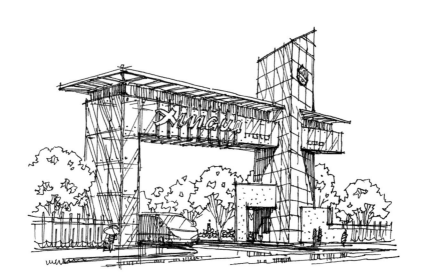

参考文献

卢济威.大门建筑设计[M].北京：中国建筑工业出版社，1985.

楼庆西.中国建筑的门文化[M].郑州：河南科技出版社，2001.

楼庆西.千门之美[M].北京：清华大学出版社，2011.

张春新，敖依昌.美术鉴赏[M].重庆：重庆大学出版社，2002.

王晓俊.风景园林设计[M].南京：江苏科技出版社，2013.

山口正诚，田敢.设计基础[M].辛华泉，译.中国工艺美术协会，1981.

南舜薰，辛华泉.建筑构成[M].北京：中国建筑工业出版社，1990.

刘明来.立体构成[M].合肥：安徽美术出版社，2010.

符宗荣.景观设计徒手画技法[M].北京：中国建筑工业出版社，2007.

符宗荣.室内设计表现图技法[M].北京：中国建筑工业出版社，2015.

符宗荣.形态设计素描[M].北京：中国建筑工业出版社，2014.

后 记

  当放下剪子、贴完最后一幅排版插图时，一直绷紧着的心弦总算得到了一点放松，也才有机会来写写"后记"。

  大门建筑设计，是我自20世纪90年代初由美术专业课程教师跨界涉足建筑设计与环境设计领域的重要一步。这一步不仅拓展了我对"艺术"门类的认知，也将我后半生的艺术创作（设计）引入与建筑相关的各种活动之中——无论是壁画、雕塑的创作，室内与室外的环境设计，还是教学中的"设计初步""空间构成"与"渲染表现"，乃至"设计素描"教学观念与方法的改革，也谓之"建房程序素描法"（出版了《室内设计表现图技法》《景观设计徒手画技法》《形态设计素描》三本个人著作）。除了众多的大门建筑设计之外，还斗胆做了几个多层与高层建筑的方案设计并经市规划部门审批通过。

  初算一下，近三十年来，我做过的大门建筑方案设计（正式项目）有五六十个，建成使用的也不下三四十个，手绘大门建筑方案草图应有数百幅（不包括近期为本书而绘的近三百幅概念性方案草图）。

  此次著书，目的在于：回顾往昔，总结经验与教训；清理思绪，提升理论与认知；探索形式，尝试概念与创新；提供形象，供读者借鉴与参考。

  著书过程得到重庆大学出版社林青山分社长、张婷副编审的积极支持，也得到原豆艺术传媒公司孙亚楠女士、王敏女士的鼎力协助；还值得提及的是四川外国语大学南方翻译学院艺术学院何煦与李琴老师，她俩承担了全书文稿的打印与校对工作，为本书的出版提供了有力保证。对此，一并致谢！

  《大门建筑形象设计》作为一本方案构思自创、图形徒手自绘的著述，提供给读者的仅仅是作者个人之见，展现的图形及绘图方法也仅仅是个人偏好，希望得到读者的意见反馈与批评指正。

作 者

2017年12月3日晨于花卉小居